BILAN

en Perspective

DES CHEMINS DE FER EN FRANCE

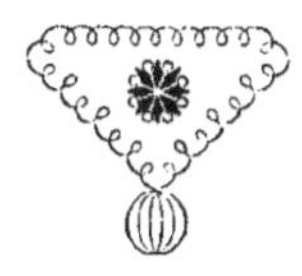

BILAN

EN PERSPECTIVE

DES

CHEMINS DE FER EN FRANCE

Envahissement

du Travail national par le Mécanisme

Par DAGNEAU-SYMONSEN

> Les hommes ne voient pas toujours les rapports de la justice ; souvent même lorsqu'ils les voient, ils s'en éloignent, et leur intérêt est toujours ce qu'ils voient le mieux. La justice élève sa voix; mais elle a peine à se faire entendre dans le tumulte des passions.
>
> (MONTESQUIEU.)

PARIS

A LA LIBRAIRIE ENCYCLOPÉDIQUE DE RORET,

10 bis, rue Hautefeuille.

1844.

CHEMINS DE FER

La marche circonspecte du gouvernement, en France, dans l'adoption de ces voies nouvelles de communication, accuse une haute sagesse qui sait mettre judicieusement en pratique le vieil adage : « hâtons-nous lentement. » On peut inférer de là que quelles que puissent être ses lumières, elles lui semblent insuffisantes encore pour apprécier sainement, dans toute leur étendue, les conséquences d'avenir que ces voies doivent exercer sur la condition morale et physique des classes populeuses et industrielles, menacées, en grand nombre, dans leurs conditions et moyens d'existence par la substitution, sur terre, de la vapeur à l'emploi des chevaux pour le roulage et les voitures publiques, à l'instar des steamers substitués aux navires à la voile.

Une sollicitude d'une pareille nature pour des intérêts aussi immenses ne saurait recueillir trop de suffrages, alors qu'il s'agit du consciencieux examen d'une question qui touche au revirement de tant d'existences.

Il se rencontre parfois, dans les ressorts du mécanisme gouvernemental, de ces questions vitales, qui, se présentant de prime abord sous un point de vue complexe, sont, par cela même, d'autant plus difficiles à résoudre, si l'on s'écarte des principes fondamentaux sur lesquels reposent le droit de la légitime propriété, et celui qui est acquis à tous français d'en jouir paisiblement *avec l'industrie qu'il exerce.* Cette solution doit marcher évidemment d'entraves en entraves, dès l'instant que l'on franchit les limites de ce principe général et sacré pour descendre dans l'arène des intérêts particuliers, sous quelles considérations que ce puisse être.

Si l'on n'avait été arrêté par la crainte de froisser l'opinion, cette capricieuse reine du monde, aujourd'hui si aveuglément engouée en faveur de la vapeur, comme force motrice suppléant à l'usage des chevaux, l'on eût sans nul doute frappé au cœur l'introduction de ce système artificiel si menaçant pour l'avenir ; car, que l'on ne s'abuse point, quelques concessions que l'on fasse sur ce terrain à l'opinion, prévenue comme elle l'est, ces concessions seront impuissantes pour mettre un frein à l'imagination, dans la carrière des idées novatrices, ainsi qu'à cet ardent esprit de spéculation qui s'y rattache d'autant plus vivement qu'il en est le principal mobile.

Tous les jours on entend retentir le mot *liberté*, à propos de droits politiques : comment ce mot pourrait-il avoir moins de valeur, étant appliqué à la jouissance de la propriété, si l'imagination n'était fascinée au point qu'elle perd de vue les saintes maximes du droit imprescriptible qui est la base essentielle de la garantie individuelle.

L'hésitation prolongée du gouvernement avant d'entrer dans cette périlleuse carrière, dérivait d'une pensée bien humanitaire ; et certes la confiance publique doit attribuer à ces considérations véritablement philosophiques sa haute prudence qui lui permît de maîtriser l'opinion jusqu'en 1842, alors que la Chambre des Députés, par son initiative du 13 Mai de cette année, décréta l'extension de ces nouvelles voies sur le sol de la France, tout en se trouvant encore sous l'impression de la déplorable catastrophe, survenue, le 8 du même mois, sur le chemin de fer de Paris à Versailles (rive gauche).

Ce jour néfaste dans les annales de l'industrie humaine n'aurait-il pu être considéré par nos législateurs comme un avertissement du ciel, de méditer plus longuement encore sur les conséquences de ces travaux gigantesques avant de léguer ce fatal héritage à la France, cette enfant gâtée de la nature sur le continent européen, soit par sa situation géographique, soit par sa richesse agricole et la supériorité de son revenu public.

Abstraction de tout préjugé, ce terrible événement méritait bien d'être pris en considération d'une manière plus démonstrative et autrement que par de simples manifestations de regrets envers les infortunées victimes. La France, si oublieuse de sa nature, le lendemain des catastrophes, devait-elle donc oublier de sitôt le brave amiral Dumont d'Urville, qui, après avoir fait deux fois le tour du globe, après avoir bravé le péril de toutes les mers, vint succomber au sein de sa patrie, avec sa femme et son infortuné fils, parmi les mystérieuses embûches dressées par la science du dix-neuvième siècle, embûches contre lesquelles, tant est grande la faillibilité de l'homme! toute prévision, le courage et l'habileté sont devenus impuissants.

A quelle cause que l'on veuille attribuer cet événement, les gémissements des familles survivantes ne s'élèveront-ils point éternellement, pour frapper de réprobation cet esprit d'insatiable cupidité qui dévore si irréligieusement les intelligences que bientôt les considérations, qui se rattachent à celles de sauvegarder les jours de l'espèce humaine, dégénéreront en un ordre très-secondaire. S'il en était autrement, ne se serait-on point arrêté devant des dangers aussi imminents, plutôt que d'assouvir ces ambitions effrénées qui ne prétendent trouver le bonheur que dans des innovations contraires aux errements de la nature.

Le temps approche où il n'y aura bientôt plus d'autre alternative : ceux qui auront quelque aversion pour ce nouveau mode de voyage, se verront ou contraints à faire cause commune avec ses enthousiastes partisans ou à prendre le bâton et la besace du pélerin pour sillonner pédestrement les routes ordinaires, au fur et à mesure qu'elles se verront délaissées par les voitures publiques. Donc point de choix : à pied ou enlevé à la vapeur !

On ne saurait en vérité exercer un monopole plus exorbitant et froisser à un plus haut degré les répugnances humaines.

Cependant, en admettant que les chemins de fer eussent le mérite de contribuer un jour à améliorer le sort de la classe ouvrière et industrielle, qui, étant la plus nombreuse dans la société, possède les droits les plus légitimes à une paternelle sollicitude, il importait au succès même de ce système d'en retarder

en France l'extension, jusqu'à ce que la science économique eût atteint le degré de perfection dont cette
découverte est encore susceptible.

Des savants ont représenté avec raison que les
chemins de fer étaient encore à l'état d'enfance, et
la commission de 1838 reconnut, par l'organe de
l'honorable M. Arago, que ces voies nouvelles étaient
réservées à de grandes améliorations, aussi bien
sous le rapport économique que sous le rapport
scientifique.

Sous le rapport économique : il est incontestable
que l'Angleterre possède sur la France d'immenses
avantages par l'infériorité du prix de revient du
combustible et du fer, qu'elle n'a qu'à extraire du
sol même sur lequel plusieurs de ces usines sont
assises. Il faut d'ailleurs admettre le cas de guerre,
qui ferait produire en France une telle hausse sur le
combustible, qu'on se verrait contraint à le réserver
à un usage d'une utilité plus immédiate que celui
des rails-ways.

Les avantages acquis à l'Angleterre seraient d'une
bien plus grande importance aujourd'hui, si cette
nation ne se trouvait encore qu'à l'état d'essai, ou

égard à la baisse progressive du prix du fer depuis l'exécution de ses rails; l'exposé suivant permettra d'en juger :

S. M. l'empereur de Russie avait passé un marché en 1836, avec une grande usine de l'Angleterre, pour la livraison de 57,000 tonneaux de rails à un prix qui représentait un capital de fr. 15,000,000 : les conditions de ce marché n'ayant pu être remplies par cette usine pour l'époque déterminée par S. M., il en résulta une longue suspension. Il y a un an, la baisse des prix réduisait déjà la fixation du chiffre primitif de ce marché à celui de fr. 8,500,000 ; en juin 1843, cette affaire a reçu une conclusion définitive au prix de fr. 6,250,000.

On comprendra que cette baisse si extraordinaire de 60 pour %, dans l'espace de sept années, résulte de l'imprévoyante extension qu'ont prise dans ce royaume les usines métallurgiques, en regard des chemins de fer, et qui se trouvent aujourd'hui dans un désastreux encombrement par le fait de l'accomplissement de pareilles œuvres.

Sous le rapport scientifique : il est de notoriété publique que l'on ne cesse d'étudier en Angleterre,

comme ailleurs, des procédés appliqués à la loco-
motive des wagons, empruntés à d'autres systèmes
qu'à celui de la vapeur. En effet, un chemin de fer
atmosphérique est déjà en essai, entre Dublin et
Kingstown, en Irlande. Il est évident que les hommes
d'état de l'Angleterre savent trop bien apprécier les
dangers que léguera à l'avenir l'exécution de cette
nouvelle merveille industrielle, pour qu'ils ne cher-
chent point à les conjurer par tous les moyens possibles que puissent avouer leurs lumières et leur
patriotisme.

Cette passion outrée pour le mécanisme, qui continue de se développer dans les Iles Britanniques sur
la plus vaste échelle, n'a rien qui doive étonner ;
car ce royaume, qui plie aujourd'hui sous le poids
d'une dette de vingt-quatre milliards, est réduit à
exister d'expédients artificiels, dont la durée doit
nécessairement être subordonnée au temps où les
classes sacrifiées s'apercevront de l'erreur et lèveront
le voile magique dont se couvre le fatal système qui
tend à la ruine de tous les établissements secondaires.

En effet, les mécaniques à filer et à tisser ont dou-
blé leurs produits sur les anciennes méthodes, et

bien loin que la main-d'œuvre ait augmentée dans la même proportion, elle a décru de moitié. N'est-il donc point rationnel de conclure, en regard de ces données positives, que la même application aux locomotives des wagons sur les chemins de fer doit produire les mêmes conséquences, par la raison si évidente que la vitesse, qui rapproche les distances, restreint, sur le parcours des lignes intermédiaires des stations, le travail manuel alimenté par l'exploitation des voies ordinaires?

Ici se présente tout d'abord un grand problème à résoudre : il consiste à examiner si la substitution de la vapeur au travail manuel dans les manufactures, à l'emploi des chevaux pour le roulage et les voitures publiques et autres, à la navigation à la voile, est bien de nature à accroître la prospérité des peuples?

Je reviendrai plus loin à ce problème par quelques considérations générales qui concourront à un développement d'autant plus logique de mon opinion.

Si l'Angleterre n'a pas soumis cette solution à une étude plus approfondie, plus consciencieuse, avant de se livrer corps et âme à la puissance du mécanisme, on doit l'attribuer à sa position exceptionnelle des autres états de l'Europe, sous le rapport financier. Par une bizarre conséquence de la failli-bilité humaine, il devait entrer dans la politique de ce gouvernement, d'accueillir avec avidité toutes nouvelles conceptions de nature à occuper vivement l'esprit public, afin de le distraire de dangereuses préoccupations relatives à sa détresse financière, cause principale de l'existence précaire de la classe moyenne, et de la condition bien plus pénible encore des artisans de cette malheureuse contrée, que l'excès d'intelligence industrielle a conduite, d'illusions en illusions, à sa taxe des pauvres !

Malgré ce déplorable état de choses, on doit recon-naître que les hommes d'état de cette terre classique de l'industrie ont des connaissances trop profondes en économie politique, pour qu'ils n'aient envisagé avec inquiétude le développement du mécanisme, qui, dans sa marche usurpatrice, réserve à l'avenir de bien terribles catastrophes. Mais, entraînés par l'enthousiasme irréfléchi des masses, ils se virent contraints à s'abandonner inconsidérément aux éven-tualités de l'avenir, dès l'instant que l'application de la vapeur aux chemins de fer ne se trouvait déjà

plus au simple état de théorème, par l'appât qu'of-
frait l'exécution immédiate de travaux immenses
qui devaient, pendant plusieurs années, occuper la
classe ouvrière.

Gagner du temps, il faut en convenir, était une
politique de prévoyance, par l'espoir que nourrissait
l'Angleterre, que l'époque n'était plus éloignée où elle
parviendrait à s'emparer des principaux marchés du
monde, pour y déverser l'immense excédant de sa
production ; qu'alors elle pouvait, sans trop compro-
mettre l'avenir, laisser chez elle un libre cours au
développement de la science mécanique appliquée
aux chemins de fer aussi bien qu'aux usines et
manufactures.

Ne cessons de nous représenter que cette nation
donne constamment des preuves de trop d'habileté,
dans la connaissance des intérêts qui touchent à sa
prospérité, pour qu'elle ne soit effrayée des conséquences de la propagation du mécanisme, suppléant
de toutes parts l'action simple du travail manuel, à
tel point que, suivant l'originale hyperbole de M. de
Sismondi, le souverain demeuré seul dans son ile
pourra bientôt y tourner une manivelle qui fera ac-

complir par des automates toutes les productions de la Grande-Bretagne.

Cette situation critique est tellement appréciée par les plus hautes intelligences de l'Angleterre, que lord Howyck fit une motion à la Chambre basse, à la session du 15 février 1843, tendant à ce qu'une enquête eût lieu, pour permettre d'apprécier l'influence exercée par les machines sur la condition morale et physique des classes industrielles.

Cette motion fut rejetée dans la séance du 17 du même mois par 306 voix contre 191.

L'œuvre étant accomplie, la majorité de la Chambre aura compris tout le danger qu'il pourrait y avoir de la remettre en question dans un moment de malaise aussi justifié ; qu'il fallait nécessairement en subir les conséquences, et mettre à profit toutes les occasions possibles pour atténuer cette désastreuse position, soit par l'action des tarifs, dont la mobilité se prête à toute rectification que l'imprévu rend indispensable, soit par des combinaisons de traités au dehors, en vue de dégorger le trop plein.

L'honorable M. Wustemberg, dans son discours du 19 mai 1842 à la Chambre des Députés, s'expli-

quait en ces termes sur les conséquences du mécanisme en Angleterre :

« Ce pays a activé si prodigieusement sa pro-
» duction, qu'il ne peut consommer qu'une petite
» partie de ses produits. De là, la double nécessité
» de s'emparer de tous les marchés du monde et d'en
» exclure tout concurrent. »

Nous citerons, à l'appui de ces assertions, une
réunion de fabricants, qui eut lieu à Birmingham,
le 16 août 1843. Il y fut exposé que sir Robert Peel,
mis en demeure pour s'expliquer sur ce qu'il comp-
tait faire, pour venir en aide aux souffrances du commerce et de l'industrie, avait objecté que la détresse
de l'industrie devait être attribuée essentiellement à
une population surabondante et à *l'excès de la production*.

L'exportation des machines, tolérée récemment
sous un droit de 15 p. %, prouve d'ailleurs que
l'Angleterre fait un pas rétrograde sur son passé, et
que son système économique se trouve livré aujour-
d'hui aux chances de toutes les éventualités.

D'après de pareilles considérations, ne doit-on pas
singulièrement s'étonner de voir le continent s'é-

mouvoir et s'émerveiller des applications mécaniques de l'Angleterre, en la citant à cet égard
comme une nation modèle, dont on ne saurait trop
se hâter de suivre les traces.

La France, qui avait longtemps considéré avec
une sage méfiance l'œuvre de son alliée, qui avait
eu assez d'adresse, sinon assez de vertu, pour ré-
sister à la fougue impétueuse de cette ambition mercantile qui dévore et flétrit la société, qui avait su
voir dans ses richesses naturelles tous les éléments
d'une prospérité indépendante des autres peuples, et
qui lui permit de régler ses intérêts industriels d'a-
près son expérience et ses propres convictions, la
France a fini malheureusement par céder à l'exalta-
tion publique, par cet inintelligeat esprit d'envieuse
rivalité qui n'a conclu en faveur de l'adoption des
chemins de fer que par la considération principale,
que l'Angleterre en est sillonnée en tous sens, sans
approfondir si ces voies nouvelles ont été jusqu'ici,
pour ce royaume, plutôt une cause de progrès non
factice que de perturbation.

En faisant d'ailleurs toute abstaction de notre supériorité par rapport aux immenses avantages acquis

à la France, les dispositions de la nature ne sont-elles pas tellement variées dans l'univers, que telle exploitation, qui pourrait contribuer au bien être d'une contrée, peut produire des conséquences en tout contraires dans une autre.

L'entraînement en faveur des actions industrielles, qui s'est manifesté de 1857 à 1859, a laissé des traces assez profondes des ravages que l'engouement peut exercer sur la fortune particulière, quand il ne prend sa source que dans des considérations purement analogiques, sans tenir compte de la différence des temps et des lieux.

Le sucre de betteraves et le sucre de cannes qui se disputent encore le marché de la métropole, sous un régime si peu en harmonie avec les règles de la justice distributive, ne proclament-ils point hautement une imprévoyance ou un laisser-aller que la saine raison ne peut expliquer ; car, comment a-t-on pu prétendre à la co-existence de deux industries similaires de nom, mais aussi différentes de nature que d'origine, l'une prenant sa source sous les impressions de la guerre, l'autre sous les impressions de la paix ?

La navigation à la vapeur appliquée au commerce n'a-t-elle point également désillusionné bien des esprits? Tout en faisant une concurrence meurtrière à la navigation à la voile, ne succombe-t-elle point sous le poids d'une dépense que ne peuvent balancer ses bénéfices? N'est-elle point d'ailleurs une cause d'obstacle aux opérations combinées qui se fondent sur l'éloignement? Car sa vitesse agit évidemment sur le cours de la marchandise et contribue à la baisse, parce que, les traites précédant aujourd'hui l'arrivée des cargaisons, le consignataire se trouve avoir moins de facilité à prévenir les effets de l'affluence aux époques de nombreux arrivages.

Quelle que soit la légitime admiration que l'on ait manifestée en faveur de la découverte de l'application de la vapeur, cette application n'aurait jamais dû entrer dans le domaine de l'industrie particulière, si ses conséquences d'avenir avaient été plus approfondies; si des considérations pratiques eussent contrebalancé le prestige de cette grande mais fatale découverte.

Il aurait fallu, pour le bonheur des peuples, restreindre cette application à des ouvrages de salut public. Sur terre : dans un but de philantropie, en ne l'adoptant que comme un agent auxiliaire de la classe indigente ; dans des établissements publics fondés pour occuper la classe laborieuse, quand l'ouvrage aurait manqué dans les établissements particuliers. On eût alors recueilli la noble satisfaction de pouvoir offrir, dans de pareils établissements, un asyle à la vieillesse, à l'infortune, en même temps que l'on eût fait disparaître le tableau dégradant de la mendicité. Sur mer : cette application aurait dû être bornée au service des escadres et de la correspondance gouvernementale.

Si l'on avait limité de la sorte la puissance de ce merveilleux moteur, cette découverte eût acquis d'autant plus de nobles droits à l'admiration des véritables amis du progrès, parce que, loin de devenir alors une cause de dangereux conflit et de ruine pour l'industrie, cette belle application se serait placée dans une sphère élevée au-dessus de cet esprit étroit de concurrence et d'envahissement ; elle eût alors tendu une main protectrice aux bras énervés par un long et pénible travail.

Le tableau du mécanisme mu par la vapeur, à

l'usage des manufactures et des navires, n'est mis en relief dans cette dissertation que par analogie de son application aux chemins de fer. Ces deux dernières branches s'étant d'abord développées sous l'indépendance de leurs propres errements, ne sauraient encourir aussi vivement la censure qui doit frapper l'exécution des chemins de fer, lesquels ne peuvent s'ériger qu'à l'aide d'encouragements particuliers et de lois exceptionnelles.

Si les inconvénients d'une vitesse et d'une production mécaniques trop rapides résultent évidemment de l'application de la vapeur, ces inconvénients ont un caractère bien moins grave devant cette considération que, dégagés du concours de lois dérogeant à celles qui sont communes à toutes les industries, quel qu'en soit le moteur, ces résultats doivent être admis comme la conséquence inévitable du libre progrès des sciences, à laquelle il faut se résigner puisqu'elle ne froisse en rien les saines doctrines de la justice, quelque irraisonnables et imprévoyantes qu'aient pu être pareilles idées pratiques d'économie.

Pour ne point sortir du domaine de l'équilibre

industriel, il serait à désirer, qu'alors que des lois sont conçues dans un esprit d'intérêt général, on ne pût les scinder, leur faire subir une interprétation assez élastique pour les étendre jusqu'à l'intérêt privé.

Sous l'empire des lois fondamentales, aux termes des art. 545 du Code Civil et 9 de la Charte, les chemins de fer n'auraient pu être exécutés, parce qu'ils ne pouvaient s'étendre aux cas prévus de la véritable UTILITÉ PUBLIQUE. Leur exclusion de ce bénéfice doit évidemment résulter des dispositions de la loi spéciale du 7 juillet 1833. « Pour qu'une » expropriation, soit de droit, dit Dalloz, (Jurisp. » Gén^{le} T. II pag. 440) il faut que l'immeuble à » exproprier soit destiné, non à l'utilité des parti- » culiers, mais à celle du public. Les constitutions » de 1791, 1793 et de l'an III, employaient l'ex- » pression *nécessité publique* (1). — Quant à l'utilité

(1) La constitution la plus démocratique des temps modernes, celle de 1793, consacrait le droit de propriété, et le plaçait au-dessus de toute volonté humaine. Le respect pour la propriété était encore si puissant à cette époque de funeste perturbation, que la majorité conventionnelle repoussa la déclaration des droits de l'homme présentée par l'un de ses membres, parce qu'elle contenait dans son article 6 une disposition équivoque que voici : « La propriété est le droit qu'a chaque

» particulière, elle ne permet point l'expropriation.
» La cession forcée de la propriété, pour un avan-
» tage particulier, n'a lieu que dans deux cas pré-
» vus par les art. 661 et 481, relatifs à la mitoyen-
» neté et au retrait successoral. »

Or, si la loi détermine les cas dans lesquels l'ex-propriation peut avoir lieu pour un intérêt particu-lier, c'est qu'évidemment en principe, et hors les deux cas exceptionnels, elle ne peut avoir lieu que pour l'utilité publique.

L'exposé des motifs du gouvernement à la Chambre des Pairs, à la séance du 10 mars 1833, a consacré, en termes formels, l'inviolabilité de la propriété par-ticulière : « de tous temps, y est-il dit, l'utilité pu-blique a été une cause d'expropriation. Mais comme

---

» citoyen de jouir et de disposer à son gré, *de la portion de bien qui* » *lui est garantie par la loi.*» Cette même majorité adopta au contraire dans sa constitution l'article suivant dont le dernier paragraphe est la reproduction presque textuelle de l'article 17 de la Constituante, article qui ne laisse aucun doute sur le caractère inviolable que cette majorité voulait imprimer à la propriété : « Le droit de propriété est celui qui » appartient à tout citoyen de jouir et de disposer à son gré de ses biens, » de ses revenus, du fruit de son travail et de son industrie, *nul ne* » *peut être privé de* LA MOINDRE PARTIE (*) *de sa propriété sans son con-* » *sentement, si ce n'est lorsque la nécessité publique légalement con-* » *statée l'exige, et sous la condition d'une juste et préalable indemnité.*

(*) Expression de Montesquieu.

» le respect pour la propriété est *la loi fondamentale
» des nations,* on a établi en principe que nul ne doit
» être dépouillé sans une juste et préalable indemnité.

» Ce principe se trouve consigné dans plusieurs
» édits et ordonnances du seizième siècle (1).

» L'Assemblée Constituante rappela, en termes
» solennels, les principes de l'expropriation : *la pro-
» priété étant un droit inviolable, nul ne peut en être
» privé,* SI CE N'EST LORSQUE LA NÉCESSITÉ PUBLIQUE
» LÉGALEMENT CONSTATÉE L'EXIGE ÉVIDEMMENT, et sous
» la condition d'une juste et préalable *indemnité,*
» (const. 14 sept. 1791, art. 17).

» Renfermer le droit d'expropriation *dans les li-
» mites rigoureuses de l'utilité publique,* garantir les
» intérêts privés contre l'arbitraire des agents du
» pouvoir, dans la détermination des terrains qu'il
» est *nécessaire* d'occuper, etc. etc., tels sont les

(1) On peut même remonter bien au-delà, à en juger d'après Beau-
manoir, qui écrivait sur la jurisprudence dans le douzième siècle, et
dont l'admirable ouvrage est cité avec les plus grands éloges par l'auteur
de *l'Esprit des Lois.* « On raccommodait de son temps, remarque Montes-
» quieu, les grands chemins comme on fait aujourd'hui, il dit que
» quand un grand chemin ne pouvait être rétabli, on en faisait un
» autre, le plus près de l'ancien possible, mais qu'on dédommageait
» les propriétaires aux frais de ceux qui tiraient quelque avantage du
» chemin. »

» principes qui doivent dominer la matière et qui
» servent de base à la nouvelle loi. »

Ici, la solution est péremptoire ; cet exposé des
motifs de la loi du 7 juillet 1833, ne laisse aucun
doute sur son esprit entièrement conforme aux principes qui depuis des siècles ont régi la matière.
L'histoire fournit de nobles exemples du respect des
monarques pour l'inviolabilité de ces principes : celui du grand Frédéric pour le moulin du meunier
Sans-Souci à Postdam, et de Napoléon à l'égard de
la bicoque qui obstruait ou gênait la construction
du palais du roi de Rome.

Mais il ne suffit pas de professer des doctrines sa-
lutaires, il importe de les appliquer aux œuvres qui
forment l'objet des délibérations.

Ainsi donc, s'il est établi en principe que nul ne
peut être dépouillé, même avec indemnité, que *dans
les limites rigoureuses de* L'UTILITÉ PUBLIQUE LÉGALE-
MENT CONSTATÉE. Il s'ensuit conséquemment, à l'égard
des chemins de fer, qu'on ne pouvait se dispenser
de faire précéder toute exécution par une enquête
générale dans le royaume.

Quelle est donc l'autorité qui a constaté l'utilité
publique? L'opinion engouée, et voilà tout.

Si les principes admis en matière d'expropriation ont rigoureusement consacré l'inviolable obligation d'indemniser les intéressés, dont les terrains ou autres propriétés immobilières se trouveront sur l'emplacement des travaux à exécuter, comment l'esprit de la loi sera-t-il rempli, si l'on exclut de l'indemnité les établissements particuliers qui succomberont évidemment par l'irrésistible concurrence qu'on leur créera, tels que les postes, les messageries et autres voitures publiques, le roulage et une foule d'états secondaires, dont l'existence tient immédiatement à l'industrie chevaline, et dont l'avenir est autrement précaire que celui des propriétaires indemnisés, ou qui le seront, de leurs terrains, etc. etc.

Il y a donc fausse application de la loi d'expropriation à l'exécution des chemins de fer. Un premier examen suffit pour être convaincu qu'il n'a jamais pu entrer dans la pensée des législateurs, de ranger une industrie particulière, ou susceptible d'exercer une concurrence quelconque à d'autres industries, au nombre des travaux en faveur desquels ils ont entendu pouvoir exercer des expropriations, en s'étayant sur les véritables principes de la loi et sur les considérations morales qui s'y rattachent. Nos représentants doivent donc être d'autant plus rigoureux dans l'application des principes, que, toutes les localités ne pouvant prétendre au bénéfice des chemins de fer, les lois qui ont consacré le système d'équitable répartition des revenus publics, seraient dénaturées, dès l'instant qu'on les invoquerait en faveur d'une sorte de monopole.

L'homme est de sa nature trop sujet à des impressions ambulatoires, pour qu'il ne doive point s'en méfier, lorsqu'il s'agit de questions aussi importantes que celles qui touchent à la propriété. Un édifice est bien plus tôt démoli que réédifié.

La faillibité du jugement humain ressort tous les jours des révisions que l'expérience rend indispensables. Nous citerons encore, pour exemple de cette assertion, la question des sucres. Si le principe d'égalité avait dominé les considérations d'un ordre secondaire, les lois et ordonnances des 28 juillet 1857, 21 août 1859 et 5 juillet 1840, n'auraient pas subi ces continuelles oscillations jusqu'au moment où la nouvelle loi du 2 juillet 1843, a consacré le principe d'égalité.

Toute loi est viciée dès l'instant qu'elle perd de vue les considérations morales inhérentes aux éternels préceptes de la justice, elle tombe bientôt en désuétude. Il en a été ainsi des diverses lois qui ont alternativement régi les sucres. Le temps apprendra le sort réservé à celle qui régit les chemins de fer, concurremment avec les voies ordinaires.

Combien de fortunes ne seraient-elles pas demeurées intactes, si les fabricants de sucre indigène pouvaient aujourd'hui se féliciter d'une législation sage et prévoyante, qui n'eût point ouvert l'abyme qui a englouti tant de victimes?

La France est à peine sortie du conflit qui depuis dix ans paralyse l'essor industriel dans ses rapports communs, qu'elle ne craint point de subir des conséquences qui peuvent devenir bien plus désastreuses, par la raison qu'elles frapperont essentiellement le commerce intermédiaire, et surtout les classes nombreuses qui existent de l'exploitation de l'industrie chevaline.

Quel que soit notre respect pour la chose jugée, il

ne peut réprimer nos appréhensions de l'avenir. Comment ces appréhensions pourraient-elles ne point être justifiées, en se représentant qu'une industrie, qui dans le fait n'est qu'une industrie particulière, s'élevant à la faveur du prestige appuyé du prétexte de l'utilité publique, armée d'une loi d'expropriation aux mains de compagnies puissantes, puisse s'arroger le droit de faire déplacer et même déshériter une foule d'établissements secondaires placés sur le tracé des parcours et des environs, et qui ne pourront conquérir sur d'autres points les avantages que leur avait acquis leur position actuelle.

Il serait donc peu prévoyant, quel que soit l'état avancé des choses, de ne pas limiter ce nouveau genre de guerre industrielle dans le sein du pays, qui, sous une allure plus pacifique, n'est pas moins redoutable pour cela, que la guerre ouverte avec les véritables ennemis de la grandeur de la France, s'il en existait encore aujourd'hui.

L'intérêt privé et l'égoïsme s'infiltrent malheureusement là où des sentiments d'amour patriotique devraient faire une chaîne continue dans l'esprit des hommes qui, par leur position élevée, pourraient exercer une influence désintéressée dans les rouages industriels.

Le désintéressement chez les hommes appelés à la solution des questions d'une aussi haute importance, est une qualité première pour qu'un grand peuple puisse conserver sa force morale sans le concours de laquelle sa force physique doit inévitablement dégénérer.

Puissent les hommes d'état auxquels sont confiées les destinées de la France ne point voir avec trop de légèreté cette fatale tendance à substituer les moyens mécaniques à l'emploi des bras et à laisser décroître la somme du travail national, alors qu'il serait d'une sage politique de la maintenir au niveau de l'accroissement progressif de la population en temps de paix! on recueillerait alors la noble satisfaction de voir diminuer le paupérisme, cette honteuse plaie de la civilisation, et de voir encore se développer les richesses de la France, dont la nature a si bien doté le sol, comparativement aux autres parties de l'Europe.

En effet, sur une population de 33,540,910 âmes, la France retire un revenu d'environ quinze cents millions, alors que la Russie, l'Autriche et la Prusse, dont la population s'élève à 107,529,521 âmes, atteignent à peine au chiffre de *onze cents millions*.

Cette disproportion est réellement prodigieuse!

Peut-il donc exister une considération plus évidente que le bonheur individuel excelle en France, dans la proportion de ses immenses richesses?

Si quelque concession a du être faite à l'esprit public, en tolérant l'exécution des premières lignes de rails-ways, qui doivent traverser la France dans ses quatres points cardinaux, puisse cette concession servir à lui faire reconnaître, s'il n'y a point dans cette exécution incompatibilité avec le bien général du pays et puisse-t-il s'en suivre alors telle disposition que le fruit de l'expérience rende indispensable.

Combien le cas ne serait-il pas différent, si la nature de cette application contemporaine était telle, qu'elle pût concourir à titres légitimes avec les autres voitures sur les routes publiques; qu'il n'y eût d'autre différence que celle d'être conduit par les chevaux ou enlevé par la vapeur; que l'on n'eût point dû frayer de nouvelles voies à titre onéreux par des coupures sur le sol, morcelant ainsi l'agriculture contrairement à la volonté des propriétaires?

L'histoire fournit-elle l'exemple, dans aucun temps, qu'un état ait consenti à autant de sacrifices en faveur d'une industrie quelconque? si la centième partie de ces sacrifices subis et à subir était réservée à l'amélioration des routes ordinaires, royales, départementales et communales, l'on eut gratifié le sol de nouveaux avantages qui eussent répandu le bien-être sur un immense parcours, dans le sein même des populations, tandis qu'au contraire les chemins de fer s'isolent et présentent un aspect de sinistre augure.

Si du moins les encouragements étaient partagés en fait de voies de communications, si tout n'était pas sacrifié au nouveau système aux dépens des méthodes qui ont subi la salutaire expérience du passé, on verrait l'industrie chevaline suivre, à l'instar de la vapeur, une marche progressive, car il est incontestable qu'elle est sujette en France à de grandes améliorations.

Examinons maintenant quels sont les avantages que jusqu'à ce moment on a invoqués en faveur des rails-ways. Relier telle ville frontière, telle autre ville de l'intérieur avec la capitale, le nord avec le midi, répondent d'abord ses enthousiastes partisans. D'autres, qui se tiennent dans une région plus élevée, n'abandonnent point l'espoir de communications plus rapides encore, telles que les télégraphes, les ballons, etc. etc.

Rien d'étonnant que des esprits abstraits s'émerveillent du grandiose de ces innovations. Puisse leur génie atteindre un jour pareille hauteur ! Qui ne désirerait toutefois que leurs illusions se transformassent en réalités, si le véritable bonheur pouvait dépendre de toutes les merveilles scientifiques qui sortent du cerveau de l'homme.

La nature, plus prévoyante, a voulu que les distances fussent proportionnées à la différence des mœurs, du langage et du degré de civilisation. C'est par le fait de la dissemblance, de l'inégalité de l'intelligence humaine, qu'ont été créées les voies d'échange, entre les différents peuples du monde, de leurs produits agricoles et industriels.

C'est bien ici le cas de redire que la manière de raisonner de certains logiciens rend parfois leur science bien suspecte, car, comment peuvent-ils tant préconiser les progrés de la civilisation à propos d'un système qui s'édifie essentiellement sur le terrain de l'égoïsme?

Quoi! déshériter les malheureux des moyens d'existence créés par des ressources naturelles, agglomérer dans les mains d'un seul ce qui donnait la vie à mille autres, sont les titres philosophiques que revendiquent ces enthousiastes partisans, dans leur conviction qu'aucune amélioration dans un service public ne serait possible, si l'on ne se soumettait à courir les chances des nouveaux systèmes à mesure qu'ils viennent rivaliser avec les anciennes méthodes en usage.

La circulation rapide doit sans contredit exercer une grande part d'influence dans les moyens qui peuvent concourir aux progrès de la société; mais, comme toute autre chose, elle doit avoir des limites que l'imprudence seule peut tenter de franchir. En effet, comment lui reconnaître cette importance, que, pour la simple satisfaction de pouvoir circuler avec une prodigieuse rapidité, en s'exposant d'ailleurs à mille dangers qui ne tiennent qu'à la plus.

simple distraction, il faille pour cela détruire les éléments qui produisent les combinaisons d'où naît la nécessité de voyages sérieux, en vue d'intérêts matériels? Pour trafiquer, échanger et spéculer, il est indispensable que les distances ne soient franchies que par les moyens simples mis à la disposition de l'homme. Le seul cas excepté de pur agrément, la nécessité absolue des chemins de fer doit donc être mise vivement en question.

Si l'on pouvait parcourir avec une vitesse égale au vol d'oiseau toutes les capitales de l'Europe, il y aurait évidemment merveille sous le rapport scientifique : mais combien chèrement ne payerions-nous point cette merveille, à mesure que les causes, qui nécessitent des voyages d'intérêts utiles, disparaîtraient et dégénéreraient en un but frivole qui se rattache à la nouveauté. La curiosité une fois satisfaite, il est bien à prévoir que la raison succédera à l'engouement. Les convertis ouvrant alors les yeux se convaincront des funestes conséquences d'une circulation trop rapide et s'apercevront du démembrement de tout ce qui était protecteur.

Ils seront détruits alors, ces utiles intermédiaires,

ces gardiens de la production, spéculant sur les va-
riations des cours que les changements entretiennent
et sans le concours desquels la production agricole,
industrielle, et coloniale, tombe dans un état complet d'avilissement contraire au bien-être général :
car il est de fait que plus une marchandise peut changer de mains, plus s'augmente son importance, comme source nourricière des classes laborieuses, et
plus conséquemment grandit la prospérité publique.

Si l'on détruit, par ces communications trop rapides, les causes qui concourent à augmenter la production, en la déversant directement du producteur,
de l'importateur au détaillant, qui la transmet au
consommateur, l'on causera nécessairement dans le
commerce et l'industrie une perturbation qui aura
les plus déplorables conséquences sans compensation
équivalente. Quelle valeur en effet auraient à Paris
ou dans les provinces du nord les produits méridio-
naux de la France et *vice versâ*, quand la vitesse
rapprochera les distances qui protègent la consommation de telle ou telle production?

Ce n'est pas tout de produire avec abondance, il
faut que le temps nécessaire à la consommation soit

en rapport avec la somme de la production ; que des intervalles la tiennent éparse sur le sol dans la proportion des populations. Ces conditions sont essentielles pour satisfaire aux besoins quotidiens de la France, tout en ne perdant point de vue l'importance productive de nos contrées : car, si une trop grande quantité de denrées se portaient sur un point quelconque, il y aurait sur ce point surabondance, alors que sur d'autres il pourrait y avoir disette.

Combien de petites villes ou communes n'auront-elles pas à souffrir d'un renchérissement démesuré, imprévoyantes qu'elles seront, pour apprécier les conséquences d'un mouvement devenu tellement rapide que les produits s'écouleront, en dépit de la prudence qui commandera vainement leur conservation.

Ce sont principalement les denrées de première nécessité, qui se ressentiront de l'impétuosité de la circulation, telles que le beurre frais, les légumes et les fruits, la volaille, etc, etc., qui, par imprévoyance, seront parfois dirigés sur les grands centres de consommation où les chemins de fer aboutiront, en dégarnissant ainsi les localités intermédiaires, au grand détriment de leurs populations.

Sur tel point, où l'on s'apercevra du bon marché
résultant de la surabondance, on en conclura qu'il
y a bien-être pour le consommateur; mais sur tel autre point, il y aura renchérissement, par suite d'un
imprévoyant écoulement. On sera porté alors, pour
pallier les vices du nouveau système, à attribuer ces
résultats à une cause passagère à laquelle on pré-
tendra ne devoir attacher aucune importance grave.
Mais toute passagère que sera cette cause, les souffrances des classes peu aisées ne seront pas moins
réelles.

Quelle triste position ne se serait-on pas faite, si
le consommateur était réduit à trouver son bien-être
dans une désorganisation qui tournerait à son avantage, pour le très-bon marché de la production, dans
des proportions anomales et désastreuses pour le
producteur.

Tout faisant une chaine dans le corps social, tous
les intérêts étant liés les uns aux autres, à tort croi-
rait-on que l'excès du bon marché d'une denrée
quelconque, dût améliorer la position du consommateur, dans quelle position qu'il se trouve. Cette
position serait précaire : le vrai bien-être ne peut

prendre sa source que dans la commune prospérité.

Les moyens d'existence du pauvre alimentent la petite industrie, celle-ci est liée au commerce supérieur, l'industriel et le cultivateur au propriétaire, et ainsi de condition en condition.

Néanmoins, une cause naturelle de laquelle résulte l'abondance des moissons qui permet de livrer le pain à bon marché à la classe ouvrière, ne saurait discontinuer d'être regardée comme émanant d'une volonté divine dominant toutes les considérations des combinaisons humaines.

On n'a donc pu jusqu'ici invoquer judicieusement en faveur des chemins de fer que l'avantage de la vitesse sur les voies ordinaires ; et on a conclu, sans plus ample examen, que, pouvant transporter les hommes et la marchandise avec plus de rapidité et à un taux inférieur, ces nouvelles voies doivent, par ce seul fait, imprimer plus d'activité au commerce et une plus grande puissance à la production. Mais plus on examinera la question à fond, moins on devra être favorablement prévenu par ces conclusions spécieuses.

Pour bien se convaincre de l'opportunité ou de

l'inopportunité de ces travaux gigantesques, on doit nécessairement mettre en parallèle les avantages qu'on attribue à cette merveille et le prix auquel on les obtiendra, tant par le sacrifice de tous les établissements auxquels les anciennes voies ouvraient des ressources continues d'existence, et multipliées sur tous les points où l'industrie chevaline était accessible, que par la désorganisation de tout ce qui avait un cours régulier.

Comment établir ce parallèle pour parvenir à mettre d'autant mieux en relief ces nuances diverses, si ce n'est par une espèce d'inventaire, sous le titre de : *Bilan en Perspective des chemins de fer en France*.

Bilan en Perspective
des Chemins de Fer en France

Actif				Passif	

<table>
<tr><td rowspan="99">Milliards</td><td>»</td><td>»</td></tr>
</table>

ACTIF, Article unique :
Pour l'importance que l'on attache au transit des marchandises étrangères traversant le territoire français, comme celle de la promptitude des voyages, du rapprochement des distances, de la centralisation de tous les intérêts vers la capitale, et enfin du revenu de ces nouvelles voies, eu égard à la dépense. . . . . .

PASSIF, 1º pour le coût des chemins de fer à construire. . . . .

2º Pour les intérêts de l'énorme Capital . . . . .

3º Pour leur moins value quand ils seront terminés, si, comme en Angleterre, la plus grande partie ne produisent pas assez pour l'entretien, loin de payer intérêt . . . .

4º Tort causé à l'agriculture par le morcellement de la propriété et à l'élève de la race chevaline.

5º Démembrement de l'organisation du roulage, auquel on ne pourra plus recourir au cas de guerre, alors que les voies de fer courront les dangers des ruses de guerre, sinon de la malveillance . . . .

6º Tort occasionné à la production agricole par l'abandon en perspective des routes royales, départementales, communales et des chemins vicinaux . . . .

7º Pour l'importance qui se rattachait à l'existence des anciens établissements immolés en faveur des compagnies exploitant les chemins de fer par privilège : la poste, les diligences et autres voitures publiques, le roulage et la navigation fluviale. . . . .

8º Pour la perte des nombreux établissements auxquels ces anciennes voies donnaient l'existence : les aubergistes sur les routes, les selliers, les charrons, les maréchaux-ferrants, les marchands de fourrage, et tous les autres petits états qui subsistent par le passage et le contact des voyageurs. . . . .

9º Pour perte en perspective pour les villes de l'intérieur délaissées par le détournement des voies de fer, et dans lesquelles une foule d'établissements ont été fondés en vue du passage. . . .

10º Pour la décroissance en perspective du travail national, l'accroissement inévitable du paupérisme comme conséquence naturelle du sacrifice des petits établissements intermédiaires auxquels les nouvelles voies ne peuvent fournir aucun aliment susceptible de compensation . . . .

11º Pour avilissement de la production en général par la destruction du commerce intermédiaire . . . .

12º Pour abaissement de la propriété dans les villes de province délaissées . . . .

PROFITS ET PERTES
P. BALANCE. . . . .

PERTES OU BÉNÉFICES

Au temps appartiendra de déterminer de quel côté il conviendra de porter le chiffre de cette balance hypothétique. Mais, à moins de se livrer aux plus dangereuses illusions, le poids du passif, en regard de celui de l'actif, est tellement lourd d'arguments irréfragables, qu'il faudrait se refuser de croire à l'évidence pour ne point partager les craintes du danger dont l'avenir est menacé.

Les hommes consciencieux, qui croient devoir laisser un libre cours aux progrès scientifiques, reconnaissent eux-mêmes, en grande partie, que les chemins de fer dérangeront de nombreuses existences, et feront déchoir une foule d'industries jusqu'à ce que ces intérêts aient repris le niveau.

Mais, quand et comment le niveau pourra-t-il se rétablir, après que l'édifice aura été ébranlé dans sa base, après que des milliers d'établissements auront disparu des grandes routes, des petites villes et villages que traversent les voitures publiques et le roulage, alors que les nouvelles voies ne présenteront que l'image de lieux déserts, de souterrains éloignés des habitations, et où aucun établissement d'un genre nouveau ne sera même possible, bien loin d'offrir quelque compensation relative à ceux que l'on sacrifie.

La philosophie dans les livres a certes bien des charmes, lorsqu'elle retrace le tableau de ces préceptes sublimes qui fournissent à l'esprit un aliment qui le fortifie dans la recherche du bien-être public ; mais tout le prestige qui se rattache à une habile démonstration théorique, ne saurait convaincre celui que l'on dépossède de son héritage, de ses moyens d'existence, ne saurait le convaincre, disons-nous, de la légalité d'une mesure qui s'écarte d'une manière aussi évidente des austères préceptes de l'équité.

Est-il raisonnable d'admettre que l'homme qui a parcouru les deux tiers de sa carrière, qui a travaillé pendant vingt-cinq ans à fonder un établissement, au succès duquel il a voué toutes ses forces morales et physiques, et qu'au moment où il va recueillir la récompense de ses pénibles labeurs, cet homme puisse abandonner, avec cette légéreté d'esprit des prédicateurs de la philosophie moderne, la position qu'il s'est ainsi créée?

Si l'on doit croire que la véritable sagesse consiste

dans la recherche de la vérité, dans la pratique de la vertu, dans le respect de la justice, des lois et de leurs organes, comment peut-on faire la part aussi légère de ceux qui se verront subitement dépouillés de la sorte par l'encouragement illimité que l'on se dispose à accorder à un système qui tend à monopoliser les voies de transport, et qui, par conséquent, bien loin de devenir un agent de concorde, aura, par sa nature, des tendances anti-civilisatrices appelées en outre à susciter l'antagonisme chez les peuples?

Pourquoi faut-il donc que l'intérêt général préoccupe si peu l'esprit de nos jours? dans le cas contraire, de certains économistes descendraient sans doute des hauteurs de leurs élucubrations poétiques, pour mettre un frein à la prodigalité de tant de centaines de millions, qui sont à la veille d'être sacrifiés à l'exécution de travaux qui n'ont qu'une valeur factice, alors que la classe indigente en France, reste encore à la merci de sa cruelle destinée; que le tableau de la mendicité continue son développement comme aux époques les moins prospères de la vie sociale. Les progrès de la science sont de toute stérilité dans l'amélioration des destinées de l'homme, quand ils ne prennent point leur source dans un bien-être commun.

« Comme tout s'altère sous la rouille du temps,
» écrivait déjà vers la fin du dernier siècle le colo-
» nel de Weiss, le mot *philosophie* ou *l'amour de la*
» *sagesse*, a presque entièrement changé de significa-
» tion. De nos jours, la physique et les mathéma-
» tiques ont usurpé son trône, déjà envahi dans les
» siècles passés par l'obscure scholastique. Si So-
» crate, Epicure ou Zénon revenaient sur la terre,
» et si les sages pouvaient s'étonner, ils seraient
» surpris d'avoir moins de prétentions au titre de
» philosophe qu'un logicien, un algébriste ou un
» distillateur (1).

» Les anciens, continue le même auteur, ne
» connaissaient ni attraction, ni prismes, ni élec-
» tricité, ni air inflammable ; mais ils s'occupaient
» davantage de l'origine des êtres et de leur ten-
» dance, du vrai et du juste, du bien et du mal, du
» bonheur particulier et public ; mais en quoi ils
» nous surpassaient surtout, c'était dans leurs ma-

(1) Il a été publié, au dix-huitième siècle, un traité sur le salpêtre, intitulé : *Fragments philosophiques.*

» gnanimes efforts pour joindre l'exemple aux pré-
» ceptes. »

De nos jours, ne semble-t-il pas au contraire que
l'indifférence pour le malheur public continue
d'augmenter, en raison du progrès des arts?

Bientôt le pauvre ne pourra plus tendre une main
débile aux voyageurs, près desquels tout accès lui est
interdit sur les voies de fer. Cependant, on n'a pas
encore pourvu à la nécessité impérieuse de fonder
des établissements où ces infortunés parias puissent
trouver un asyle et la part de pain que la France ne
refuse jamais, même aux enfants de l'étranger,
quand des causes politiques les font affluer vers son
territoire.

Ce n'est donc pas qu'il y ait en France absence
de sympathie pour le malheur, malgré l'indifférence
de notre époque égoïste, cette sympathie fait retentir
sa généreuse voix, même au-delà des mers : les vœux
d'émancipation des esclaves de nos colonies en sont
bien une preuve. Nous avons néanmoins près de
nous, dans une contrée, dont les systèmes économiques forment la règle de conduite du continent, des
institutions purement philantropiques qui n'ont pas

moins de mérite à être imitées. C'est déjà avoir nommé encore l'Angleterre, qui possède de nombreux établissements de charité qui honorent leurs fondateurs.

Le malaise qui existe dans l'industrie, en France, comme ailleurs, prend essentiellement sa source, on ne saurait trop le redire, dans les inspirations anti-économistes de certains esprits systématiques, qui ont la prétention bizarre de faire dépendre le bien général d'inventions dont l'utilité pratique ne balance les désastres publics que dans leurs utopies.

Ce déplorable état de choses ne saurait exister, si la loi n'était descendue de son piédestal, où elle exerçait sa glorieuse souveraineté, dans un esprit d'ensemble et non dans des fractions d'intérêt. La loi perd de sa grandeur, dès l'instant qu'elle franchit le seuil de son sanctuaire pour entrer dans les calculs arides de l'intérêt privé, comme dans la question des sucres et celle des chemins de fer.

Comment ne pas appréhender les éventualités de l'avenir, quand on considère qu'une énorme portion de la somme du travail que la nature a réservé aux hommes de corvée, à la médiocre intelligence, va désormais passer dans les mains des grandes capacités? Ne sera-ce point là l'économie la plus répréhensiblement sordide qu'il soit possible d'inventer?

M. le comte Roger, l'honorable député de Dunkerque, a fait un travail, en 1841, en faveur de la ligne des ports liant Boulogne avec Calais et Dunkerque, et qui a été publié sous le titre de : *Chemins de fer, Ligne du Nord, Lettre à M. le Ministre des travaux publics.*

Ce travail, qui est aussi lucide que consciencieux, en défendant la forme, par rapport à la ligne de parcours, laisse planer sur le fond de la question, qui forme ici l'objet de nos dissertations, une sorte de crainte, qui prouve que son auteur n'est pas parfaitement rassuré sur les conséquences des applications du mécanisme mu par la vapeur.

« Depuis vingt-cinq ans, dit l'honorable député,
» l'Europe a tourné son énergie vers l'industrie et
» le commerce. La science, dans ses merveilleuses
» analyses, dans ses applications aux arts de la paix,
» a fait, comme malgré elle, tant de découvertes
» meurtrières, qu'il est à désirer que les relations
» commerciales, que les voies de communication

» plus sûres que l'application croissante de la va-
» peur, gardent et défendent la paix du monde.
» D'ailleurs, si l'esprit des vieilles guerres semble
» sommeiller, l'antagonisme entre les peuples n'est-
» il pas plus actif qu'il n'a jamais été? Par le fait
» même des communications plus rapides de la na-
» vigation à la vapeur, des chemins de fer, la con-
» currence s'est accrue, elle est devenue plus directe,
» plus intelligente, plus redoutable. Aux luttes ar-
» mées ont succédé les luttes industrielles et com-
» merciales. Les fautes commises sur ce nouveau
» champ de bataille ne font point tomber avec gloire
» quelques intrépides soldats : elles atteignent et
» frappent des milliers de fabricants, des milliers
» de producteurs, qui succombent obscurément,
» laissant après eux le découragement et la ruine.

» Ces périls de toutes les heures, ces combats de
» tous les instants, il faut les tourner au profit du
» pays. De là, pour les gouvernants, la nécessité de
» s'occuper avec la plus minutieuse attention de tout
» ce qui peut accroître ou diminuer la prospérité
» commerciale. De là, l'obligation de prévoir tout
» ce qui peut modifier ou intervertir les termes de

» la lutte ouverte entre les divers marchés du
» monde. »

Combien la France ne serait-elle pas heureuse,
comparée aux autres peuples, si, reniant de funestes applications, elle adoptait, par un plus judicieux esprit d'appréciation de ses immenses éléments de véritable prospérité, un système d'économie, qui fût l'œuvre de ses propres inspirations,
en développant les forces du travail manuel au lieu
de les restreindre ; en réservant à la production agricole et manufacturière de sages encouragements,
par le maintien de tarifs suffisamment protecteurs
contre l'introduction étrangère ; en étendant nos
débouchés avec les Amériques, au moyen de traités
de commerce, dont la combinaison principale repo-
serait sur des droits moraux basés sur la valeur vénale des produits échangeables de chaque origine,
et en raison de leur abondance productive,

Les ressources de la nature étant inépuisables,
elles ouvrent une carrière infinie au développement
de toutes les intelligences ; il n'y a qu'une économie
mal entendue qui puisse les faire tarir,

Quand les droits sur les sucres de nos Colonies et

les cafés de Saint-Domingue furent fixés aux taux auxquels ils sont encore aujourd'hui, ces denrées excédaient de valeur les cours actuels de 104 à 110 pour %, et cependant, ces droits sont demeurés inflexibles depuis une période de vingt-huit années de paix, alors que les véritables moyens d'encourager notre marine marchande, devaient essentiellement consister dans l'allégement des marchandises d'encombrement, qui font la base des cargaisons.

A l'époque du 28 avril 1816, qui fixait les droits des

SUCRE : — *acq.* fr. 90 » *entrep.* fr. 65 » les 50 kil.
Cours actuel 31 Décemb. 1843 } *id.* 55 » *id.* 30 »
Moins value. . . . 35 » 35 » 104 p. %

CAFÉ : — *acq.* fr. 1 37 ½ *entrep.* » 85 c. le ½ kil.
Cours actuel 31 Décemb. 1843 } *id.* » 87 ½ — » 35 —
Moins value. . . . » 50 » 50 110 p. %

Il eut été sans contredit d'une économie prévoyante, d'avoir proportionné les droits à leur valeur réelle, à mesure de leur décroissance. Il en eut résulté cette heureuse conséquence que l'accroissement de la consommation eût maintenu les prix dans un état normal, qui serait en rapport avec la valeur vénale, aux lieux de production.

On ne doit point perdre de vue que le maintien des prix des articles de l'industrie nationale est en raison du maintien de ceux des contrées tropicales avec lesquelles il y a échange. L'avilissement de l'un doit inévitablement entraîner l'avilissement de l'autre.

Le Trésor, loin de perdre par l'établissement de droits modérés, y gagnerait beaucoup par le développement qu'acquerraient notre mouvement maritime et notre commerce d'échange avec l'Étranger, par l'accroissement du travail national, par l'aisance qui se répandrait parmi la classe laborieuse, aisance qui lui permettrait de prendre une part plus large dans les jouissances de la vie, par une consommation proportionnée des denrées de luxe, dont un grand nombre ignorent encore l'existence.

Un système trop fiscal fera toujours tarir l'abondance dans sa source, et doit être considéré comme un des obstacles les plus puissants à la jouissance des productions de la nature. Ce système tient, comme dans une espèce de séquestration, une masse de denrées dont la valeur s'avilit dans les entrepôts, et dont le contre-coup réagit sur les produits de nos manufactures qui encombrent les magasins, faute d'écoulement en rapport avec la production.

C'est bien là une des causes essentielles de la stagnation qui règne dans les affaires. Les débouchés de ces principales denrées, les sucres et cafés, dont les bas prix ruinent les colons, sont limités en France aux simples besoins d'une consommation restreinte, qui est bien loin d'être en rapport avec les richesses du pays, comparativement à d'autres.

Les villes d'intérieur, qui n'ont point d'entrepôts, doivent s'abstenir de prendre part à des spéculations qui peuvent surgir d'une grande affluence de ces denrées dans les ports de mer, par la raison évidente qu'il leur faut un capital plus que double pour opérer, à l'acquitté, sur la même quantité dans les entrepôts.

Comment alors concilier cet engouement de promptes communications, quand on laisse tarir les principales sources de l'industrie nationale, dont une circulation plus libre justifierait au moins quelque peu le désir ardent de certains esprits de voyager avec une célérité merveilleuse.

Si les organes légaux du commerce voulaient s'identifier avec cette vérité, ils chercheraient le remède dans ces moyens aussi simples qu'efficaces , qui, s'ils étaient adoptés, rendraient bientôt la vie aux industries mourantes, pour cause de surabondance, faute de débouchés. Mais malheureusement, les esprits sont tellement aveuglés par les illusions de la *nouveauté*, d'une nature plus séductrice en France qu'ailleurs, qu'il est à craindre que le réel, le positif, ne soient sacrifiés, si les Chambres, dans leur indécision , ne prennent la ferme résolution d'examiner la question avec plus de maturité.

Il serait sans doute plus facile au gouvernement de concourir au développement de besoins naturels que d'épuiser les ressources du trésor, sans judicieux espoir de compensation, dans un avenir plus ou moins éloigné, par l'exécution d'immenses et effrayants travaux, qui, s'ils devaient s'étendre dans la proportion de ceux exécutés en Belgique absorberaient, comme en Angleterre , au-delà du numéraire que possède la France.

Les droits modérés ont dans les dernières années exercé une grande influence sur l'accroissement de la consommation des cafés en Angleterre, le tableau suivant en permettra l'appréciation :

En 1807, *pendant la guerre,*
le droit était de 1 sch. 8 d. la livre; la consommation ne s'élevait alors qu'à. . . 1,170,164

En 1808, le droit fut réduit à 7 d., et dès 1809, la consommation atteignit. 9,251,847

En 1809, le droit fut rehaussé à 1 sch.; aussitôt la consommation décrut progressivement pour n'être plus en 1824 que de. 7,993,041

En 1825, ce droit fut définitivement réduit à 6 d., taux auquel il est encore aujourd'hui; dès la même année, la consommation s'éleva à . . . 10,766,112
Cette progression continua jusqu'en 1851, où elle atteignit le chiffre de. . . 22,740,627

Elle varie aujourd'hui de 27,000,000 à 28,500,000.

L'Angleterre a même réduit à 9 d. le droit sur les

cafés étrangers venant du Cap et au-delà, *ceux de ses propres possessions ne suffisant plus à sa consommation.*

A propos de la Belgique, cette fille de la France, dont le destin se rattache à sa gloire, à la prospérité de son ancienne patrie et à des sympathies que ne peuvent altérer les barrières qui les séparent, nous dirons que ce peuple industriel, avant sa révolution, qui a donné lieu à faire naitre plus d'une surprise, au point de vue de ses intérèts commerciaux, était déjà entré dans la carrière du mécanisme, dans le but d'augmenter sa production, alors que les débouchés de la Hollande lui étaient communs. Ayant perdu ces débouchés à la suite de cette révolution imprévue, elle se trouve aujourd'hui encombrée de ses produits, par la conséquence naturelle de sa séparation d'une puissance maritime, qui, comme la Hollande, lui laissait, pour ainsi dire, le débouché exclusif de ses colonies.

C'était à cette époque toute précaire qu'elle donnait le plus grand essor aux arts mécaniques, et que pour supplément elle fut dotée de chemins de fer.

La situation était donc changée d'une manière qui

mit en défaut tous les calculs, toutes les prévisions :
perte de débouchés au dehors, et accroissement de
produits au dedans. A cette révolution politique
succéda une révolution industrielle qui ne fit qu'a-
jouter à ses vicissitudes. Le mécanisme, comme un
astre funeste, a exercé la plus déplorable influence
sur sa principale industrie, qui de tout temps a été
considérée comme le patrimoine du pays. C'est le
filage et le tissage des toiles à la main, auxquels le
mécanisme fait une concurrence mortelle par une
production surabondante, qui, tout en avilissant
les prix, renchérit la matière première de telle sorte
que les fileuses et les tisserands se trouvent dans
l'impuissance de soutenir la lutte.

Cet état de choses frappe de discrédit l'industrie
linière de la Belgique et peut avoir les fâcheuses
conséquences d'affaiblir ses débouchés d'une manière
démesurée avec sa culture de lin, qui lui permet
de faire les meilleures et les plus belles toiles du
monde, dont elle avait trouvé, depuis un temps im-
mémorial, un vaste débouché en France, en Es-
pagne, en Suisse, en Italie, etc.

Si ce pays avait su s'en tenir à son antique usage

de filer et de tisser à la main, sans avoir égard à ce qui se passait autour de lui, il aurait du moins, dans le conflit actuel, conservé intacte la renommée de ses toiles ; et l'époque ne serait déjà plus éloignée, où il recouvrerait intégralement ses anciens débouchés. Mais pour cela, il ne faudrait pas que cette fatale maxime y prévalût que : « l'intérêt » personnel doit être le plus grand mobile indus- » triel et commercial. » Il faudrait au contraire que l'on y comprît que l'oubli des intérêts généraux, en lésant les intérêts de la nation, contribue évidemment à l'appauvrissement de ceux-là mêmes dont les maximes ne sortent pas du cercle de ce qui leur est immédiatement propre.

La culture du lin, en Belgique, est une ruche dans laquelle cinquante mille familles puisent les éléments d'une modeste mais honorable existence. Conserver à ces populations des ressources de travail aussi légitimes, serait d'une économie digne des meilleurs suffrages.

Une loi, qui admettrait cette industrie au nombre de celles que l'on attribue à *l'utilité publique*, ne saurait comporter une application plus morale. En effet, si l'utilité publique se caractérise en fait de travaux qui donnent lieu à des expropriations, comment ne pourrait-on point reconnaître le même caractère, dans la conservation d'une industrie, qui, chez un peuple de quatre millions d'âmes, fait subsister le quart ou le cinquième de sa population ouvrière?

Puisque c'est dans des vues de bien-être favorables aux classes plus ou moins nécessiteuses que des lois protègent les céréales contre l'exportation et l'importation étrangères, leur extension aux lins bruts, comme étant une des principales sources du travail national, mettrait d'autant plus en relief la pensée bienveillante qui, dans ce pays, comme en France, s'est manifestée en faveur de l'infortune par la prévoyante législation des céréales.

De faux principes conduisent toujours à de fausses conséquences. Le conflit et l'embarras succèdent à la position la plus normale, quand l'on perd de vue le bien réel que l'on possède pour chercher à saisir celui qui n'est qu'imaginaire. C'est bien là le cas où se trouve la Belgique, à l'égard de son industrie linière dont l'importance est mal appréciée.

L'honorable M. Bonnet de Gand, dans son discours du 21 février 1842, au sénat belge, au nombre
d'une foule d'arguments, qui prouvent que toutes
les innovations industrielles sont loin d'être des
causes d'amélioration réelle, a soumis cette obser-
vation toute péremptoire en faveur de l'industrie linière à la main : « si la commission d'enquête avait
» pu pousser ses investigations jusqu'en Asie, elle
» aurait reconnu que chez les Indous on a conservé
» soigneusement la fabrication des beaux tissus ca-
» chemires, malgré la concurrence des métiers à
» la Jacquart à Lyon. Si cet ancien peuple avait
» abandonné son système antique pour la confec-
» tion des cachemires, à l'effet de suivre le mode
» récent de fabrication, il est clair que les beaux
» tissus des Indes auraient perdu leur valeur in-
» trinsèque. »

Quant aux chemins de fer, sujet principal de
notre examen, leur existence s'explique mieux en
Belgique qu'en France, parce que leur séparation
spontanée de la Hollande a pu faire croire aux Belges
à la nécessité absolue de créer ces voies de communication, pour conserver leurs relations avec l'Alle-

magne. De là, le commencement, chez eux, de ces voies de fer et la ligne d'Ostende à Cologne.

Il reste à savoir maintenant, et le temps seul nous l'apprendra, si la plus grande multiplicité de ces voies sur son sol ne réclamera pas à la Belgique des sacrifices pécuniaires bien au-delà de l'importance de son commerce de transit. Ces sacrifices peuvent ne point paraître évidents pour ceux qui croient que les chemins de fer continueront de payer leurs frais d'entretien et les intérêts de l'énorme capital, d'environ *deux cents millions,* enfoui dans les neuf lignes qui aujourd'hui sillonnent cette contrée, en regard des $2\frac{92}{100}$ p. % qu'elles rendent en ce moment (1). Cependant, il n'en résulte pas moins ce mal irré-

---

(1) Liste des neuf lignes de fer de la Belgique, non comprises celles qui viennent aboutir en France :

1º Ostende	} 1er Chemin.		11º Tournai	} 6º Chem.
2º Bruges			12º Courtrai	
3º Gand	} 2e id.		13º Charleroi	} 7º id.
4º Termonde			14º Namur	
5º Malines	} 3e id.		15º Mons	} 8º id.
6º Anvers			16º Liège	
7º Bruxelles	} 4e id.		17º Vervier	} 9e id.
8º Louvain			18º Aix-la-Chapelle	
9º St-Trond	} 5e id.			
10º Tirlemont				

parable qu'une foule d'établissements et de branches d'industrie y sont sacrifiés sans retour : tout ce qui existait de l'industrie chevaline, la navigation fluviale, ces barques, qui, depuis un siècle, allaient de Gand à Bruges et *vice versâ*, les auberges sur les routes et tous les petits établissements qui en dépendent. Les villes intermédiaires sont en partie abandonnées, parce qu'elles sont laissées de côté par ceux qui, voyageant pour leur agrément, s'acheminent directement sur Bruxelles, ou pis encore, qui traversent le pays sans s'arrêter nulle part. Autrefois, du moins, la nécessité de changer de chevaux déterminait les voyageurs à quelque séjournement qui alimentait les hôtels et faisait vivifier le commerce de détail dans toutes ses variétés.

Tel pays résistera néanmoins plus longtemps que tel autre à la lutte malheureuse que l'application de la vapeur exerce aujourd'hui dans les voies de communication, comme dans toutes les autres industries, où elle est admise en vue de diminuer la main-d'œuvre en accroissant la production, comme elle rapproche les distances par la vitesse des parcours.

Les pays peu populeux, en raison de leur vaste étendue territoriale, comme la Russie, l'Amérique septentrionale, etc., n'ont rien à redouter pour l'avenir de ces innovations modernes. C'est par cette considération, que le système, en lui-même, ne peut admettre qu'un pays puisse agir par analogie à l'égard de tel autre, sans se méprendre gravement sur ses conséquences.

Les contrées les plus resserrées et les plus populeuses souffriront donc les premières de la concurrence de ces agents artificiels, comme la Hollande, par exemple, dont les richesses naturelles consistent essentiellement dans l'exploitation de ses voies de communications fluviales, et dans sa navigation intérieure.

Certes, ce pays, le plus commerçant du monde, eu égard à sa population de deux millions d'âmes, ne remplirait pas une aussi belle page dans l'histoire, si les innovations de nos jours remontaient à l'époque de sa gloire maritime; elle ne serait point parvenue, sans doute, à se créer une aussi puissante marine, si sa navigation intérieure, qui forme des marins à la sortie du berceau, véritable pépinière qui alimente sa marine royale, avait eu alors à lutter contre l'action du mécanisme qui s'empare de cette navigation, à l'aide de quelques steamers, en plongeant dans la misère de nombreuses populations riveraines, qui naguère existaient uniquement de la navigation des rivières et des fleuves qui sillonnent cette merveilleuse contrée aquatique.

Dans le malheureux conflit qui s'organise par la protection que l'on accorde au mécanisme, il faut néanmoins espérer que l'expérience de l'avenir ne sera pas acquise au prix de sacrifices irréparables, quoiqu'on ne puisse se dissimuler les dangers évidents que réserve à de certains pays un système qui tend immédiatement à la décroissance progressive du travail manuel.

Comme les petits ruisseaux alimentent les grands fleuves, les petits établissements, on ne saurait trop se le redire, sont la source à laquelle les grands doivent puiser les éléments de leur propre prospérité. Les uns et les autres doivent converger dans des vues d'un bien-être commun. Malheureusement, ce résultat ne se laisse guère entrevoir, quand on considère que l'on édifie sur les décombres des monuments qui tombent en ruines.

Admettons un moment, pour mieux encore développer notre pensée, que la science du mécanisme
envahisse un autre terrain, que l'on parviendrait
à *labourer les terres, à semer et à récolter par des
moyens mécaniques*, à l'aide de quelques bras conduc-
teurs qui économiseraient les trois quarts de la
main-d'œuvre; que deviendrait alors cette immense
population de courageux laboureurs, dont on ne
parviendrait guère à faire des mécaniciens? où, et
comment leur assigner alors d'autres moyens d'existence? Sans se faire, à l'aide de pareilles hypothèses,
un trop grand épouvantail de l'avenir, comment ne
serait-on point porté à s'effrayer, quand, doué d'un
sentiment patriotique, on ne voit mettre aucun
frein à une aussi désastreuse propagation?

En traitant la question des chemins de fer, au
point de vue de l'intérêt général de l'humanité,
nous n'entendons point circonscrire notre opinion
relativement à tel pays ou à telle localité pris pour
point de comparaison, car on se tromperait gravement, si l'on se faisait une règle que parce qu'un
chemin de fer, qui par exception ferait la prospérité
d'une localité, dût par cela même produire ailleurs

les mêmes effets. Ostende et Calais ont, par exemple, des intérêts à peu près identiques, comme villes de passage desservant les postes d'outre-mer; mais il existe encore cette différence entre ces deux villes que le chemin de fer d'Ostende ne lèse aucun intérêt sur le littoral; car Nieuport n'aurait pu y prétendre qu'en bon droit, s'il dominait cette question, alors qu'au contraire Calais porte ombrage à Boulogne et Dunkerque, qui de leur côté revendiquent à juste titre la faveur première que le gouvernement paraît vouloir accorder au port de Calais. Ces deux dernières villes agissent d'autant plus conséquemment, qu'en équité, comme en droit, il n'y a point de motifs pour que cette faveur, si c'en est une pour un port de mer, soit accordée à tout le littoral comme à toutes les villes de l'intérieur.

Mais alors que cette exécution établirait ici sa base, dans des considérations d'équité, l'immensité de pareils travaux permettrait-elle de les exécuter simultanément? non sans doute, et la ville, qui sera dotée la première d'un chemin de fer, aura fait son expérience des avantages qu'elle pourra en recueillir, longtemps avant que le tour de sa voisine ne soit arrivé. Si le résultat est avantageux, elle aura pu s'attirer des relations que ne pourront ressaisir celles qui viendront après, ou qui, par des circonstances qu'on ne peut prévoir, seront exclues. C'est bien là le fond de la pensée qui porte chaque localité à faire valoir ses avantages topographiques, comme un droit acquis de fait, qui doit lui valoir une préférence sur telle autre. Sans cela, et sans l'attrait qu'offre à l'intérêt particulier l'exécution de travaux aussi considérables, le charme se dissiperait bientôt pour dégénérer en une commune indifférence ; on ne concevrait point alors de pénibles sentiments de voir ainsi livrées à la merci d'un antagonisme répréhensible des cités qui, par leurs ressources variées et naturelles, peuvent se faire telles concessions que leurs besoins réciproques réclament dans des vues de véritable intérêt et de concorde.

Ainsi donc, s'il est constant que les chemins de fer n'ont de l'attrait qu'en vue d'une jouissance partielle et exclusive, on doit reconnaître que le principe en est vicié et qu'il est contraire au bien général du pays.

Après que le chemin de fer d'Ostende fut livré

au service public, on fut généralement porté à conclure que la plupart des voyageurs venant d'Angleterre prendraient désormais cette voie nouvelle pour se rendre en France; cependant, l'expérience prouve aujourd'hui que Boulogne et Calais, où les chemins de fer ne sont encore qu'en perspective, n'ont pas cessé de conserver les avantages de leur position, car les voyageurs venant de Douvres y affluent toujours dans une proportion supérieure avec Ostende, de *un à sept.*

Comment pourrait-il en être autrement? le prestige créé par les chemins de fer ne peut s'élever au point de perdre de vue les avantages et les agréments qui sont naturels à ces deux villes : nous laissons aux hommes sensés le soin d'en apprécier la valeur, tout en faisant la part d'Ostende à l'égard de la Belgique. Ce ne sont certainement point les chemins de fer qui peuvent déterminer des voyages, mais bien les pays que l'on veut voir et parcourir. D'ailleurs, cette nouveauté est déjà estimée assez généralement par les anglais pour ce qu'elle vaut en réalité, et le temps n'est peut-être plus éloigné où ils la répudieront. On est toujours heureux de revenir à la raison après l'extravagance. Aussi prêche-t-on déjà *la réforme* de ces voies en Angleterre, afin d'insinuer au gouvernement qu'il se charge d'un pareil fardeau en faveur des compagnies particulières, dont la plupart s'affaisent sous le poids d'une dépense qui dévore les capitaux versés.

Sur les soixante-quinze chemins de fer qui existent dans les îles Britanniques, et dont le coût s'élève à l'énorme capital de *soixante-quinze millions de livres sterlings* ou *un milliard huit cent soixante-quinze millions de francs,*

17   Paient prime et se suffisent; mais, si l'on en retire les quatre lignes principales, celles de :
        Londres à Birmingham,
        Liverpool à Manchester,
        Stockton à Wilton Park,
        Et les quatre branches de York à Midland,
  L'avantage des autres est très-insignifiant.
    Dans toutes les contrées, les lignes principales, dites *stratégiques*, ne pourront manquer évidemment de donner des bénéfices aux soumissionnaires d'actions, puisqu'elles envahiront les plus longs parcours, au détriment des anciennes voies.

2   Sont au pair;

14   Ne sont point achevés, ou ne sont destinés qu'aux transports des marchandises, charbons, etc.

12   N'ont point de cours établi;

30   Donnent de la perte.

On pourra se rendre compte de ces chiffres par l'examen du tableau suivant, qui a été établi d'après les renseignements les plus précis. ·

Liste des Chemins de Fer, existant dans le royaume de la Grande-Bretagne, en 1844.

NOMBRE de Chemins de Fer	NOMS	Commençant à	Aboutissant à	COMMENCÉ EN	TERMINÉ EN	LONGUER en milles Anglais	Coût EN LIV. STERL.	NOMBRE D'ACTIONS	MONTANT de chaque Action	SOMMES VERSÉES	VALEUR des ACTIONS	OBSERVATIONS
1	ARBROATH et FORFAR.	Arbroarth.	Forfar.	1836	1839	15 $\frac{1}{4}$	136,000	28,000	£ 25	£ 25	£ 25	
2	ARDROSSAN et JOHNSTON.	Ardrossau.	Doura et chemin de fer de Ayr.	1827	1831	6		2,500				
3	AYLESBURY.	Aylesbury.	Chemin de fer de Londres à Bir-mingham.	1836	1839	7	61,000	2,500	20	20	Nominal	Exploité par la Compaguie du chemin de fer de Londres à Birmingham.
4	BALLOCHNEY.	Ballochney.	Monkland.	1836		6	38,431					
5	BIRMINGHAM et DERBY.	Chemin de fer de Londres à Birmingham.	Derby.	1836	1839	48	1,056,666	6,300 / 6,300 / 25,700	100 / 33 $\frac{1}{3}$ / 12 $\frac{1}{2}$	100 / 26 $\frac{1}{2}$ / 1 $\frac{1}{2}$	51 / 17 / » $\frac{3}{8}$	Va être incorporé dans les chemins de fer de Midland à North Midland.
6	BIRMINGHAM. et GLOUCESTER.	Idem.	Gloucester.	1836	1841	53	1,441,666	9,500 / 10,000	100 / 17 $\frac{1}{2}$	100 / 17 $\frac{1}{2}$	60 / 16	
7	BISHOP, ANKLAND. et WEARDALE.	Chemin de fer de Stockon et Darlington.	Walsingham.		1838	8	100,000					Sert uniquement pour le transport des houilles.
8	BODMIN et WADEBRIDGE.	Wadebridge.	Bodmin et Ru-thern Bridge.	1832	1834	15						
9	BOLTON et LEIGH et KENYON et LEIGH JUNCTION	Canal de Manchester	Leigh.	1825		10	160,000					
10	BOLTON et PRESTON	Bolton.	Preston.			15 $\frac{1}{2}$		7,000	50	50	16	Cette ligne n'est pas en-core achevée du côté de Pres-ton.
11	BRANDLING JUNCTION.	Gateshead.	Shields, Sunder-land et Chemin de fer Stanhope.	1837	1839	23	523,839	6,000	50	50	30	
12	BRISTOL et EXETER.	Bristol.	Exeter.	1835		76		15,000	100	70	60	Cette ligne n'est pas encore achevée, mais sera exploitée par la Compagnie Graet Western.
13	BRISTOL et GLOUCESTER.	Bristol.	Gloucester.	1838		27 $\frac{1}{2}$		8,000	50	50	Nominal	. . . . . Idem.
14	CANTERBURY et WHITSTABLE.	Canterbury.	Whitstable.	1826	1830	6	95,000					
15	CHELTENHAM et GREAT WESTERN.	Chemin de fer Graet Western.	Cheltenham.			42		7,500	100	80	28	. . . . . Idem.

16	CHESTER et BIRKENHEAD.	Chester.	Birkenhead.	1857		15	500,000	5,000 5,000	£ 50 25	£ 50 20	£ 21½	
17	CHESTER et KREWE.	Chemin de fer Grand Junction.	Chester.	1857	1859	18	458,333	7,500	50	3	8¾	Cette ligne a été achetée par la Comp. Grand Junction.
18	CLARENCE.	Port Clarence.	Durham, Stockton et Byers Green.	1828		32	500,000	3,000	100	100	nominal	
19	DUBLIN et DROGHEDA	Dublin.	Drogheda.			20		6,000	75	40	do	
20	DUBLIN et KINGSTOWN.	Idem.	Kingstown.	1851		6	370,000	2,000	100	100	118	Cette ligne, commencée depuis plusieurs années sera, achevée dans le courant de cette année.
21	DUNDÉE et ARBROATH.	Dundée.	Arbroath.			16 ¾	133,136	4,000	25	25	20	
22	DUNDÉE et NEW-TYLE.	Idem.	Coupar Angus. Glammis.	1826		11	170,000					
23	DUNFERLINE et CHARLESTOWN.	Dumfermline.	Charlestown.			5						
24	DURHAM JUNCTION.	Chemin de fer de Stanhope.	Chemin de fer de Seaham.	1854	1838	4 ½	150,000	800	100	100	nominal.	
25	DURHAM et SUNDERLAND.	Sunderland.	Durham.	1854		16	265,664	2,040 1,020	50 50	50 50	13	
26	EASTERN COUNTIES.	Londres.	Colchester.	1856	1843	15	2,153,333	64,000 64,000	25 8 ½	25 8 ¼	9 11	
27	EDINBURGH et DALKEILH.	Edinburgh.	Dalkeith, Leith, Munelburgh.	1826	1838	8 ¼	133,055	2,400	50	50	50	
28	EDINBURGH et GLASGOW.	Idem.	Glasgow.	1858	1842	46	1,500,000	18,000 18,000	50 12 ½	50 12 ½	55 14	
29	EDINBURGH et NEWHAVEN.	Idem.	Newhaven.	1856		2	140,000	5,000	20	20	nominal	
30	GANKIRK et GLASGOW.	Glasgow.	Chemin de fer de Monkland.	1826		8	148,195	1,960	25	25	29	
31	GLASOGW, PAISLEY et GREENOCK.	Idem.	Paisley et Greenock.	1857	1840	22 ½	733,333	16,002 8,000	25 12 ½	25 12 ½	14 7	
32	GLASGOW, PAISLEY, LILMARNOCK et AYR.	Glasgow.	Ayr et Kilmarnock	1857		51 ½	1,095,650	12,500 12,500	50 12 ½	50 12 ½	55 14	
33	GRAND JUNCTION.	Birmingham.	Chemin de fer de Liverpool et Manchester.	1855		78	1,957,800	10,918 10,918 5,000 17,627	100 50 25 25	100 50 25 10	208 104 50	

Suite de la **Liste** des Chemins de Fer, existant dans le royaume de la Grande-Bretagne, en 1844.

NOMBRE de Chemins de Fer	NOMS	Commençant à	Aboutissant à	COMMENCÉ EN	TERMINÉ EN	LONGUEUR en milles Anglais	Coût EN LIV. STERL.	NOMBRE D'ACTIONS	MONTANT de chaque Action	SOMMES VERSÉES	VALEUR des ACTIONS	OBSERVATIONS
34	GREAT NORTH of ENGLAND.	Chemin de fer de York et North Midland.	Darlington.	1856		45	1,555,550	10,000	£ 100	£ 100	£ 85	
55	GREAT WESTERN.	Londres.	Bristol.	1855	1841	118 1/4	6,540,000	25,000 25,000 37,500	100 50 20	65 50 12	90 66 17	Cette compagnie exploite, eu tout une ligne de 189 3/4 milles.
56	HULL et SELBY.	Hull.	Chemin de fer de Leeds et Selby.	1856		50	553,535	8,000 8,000	50 12 1/2	50 2	47 3 1/8	
57	LANCASTER et PRESTON.	Lancaster.	Preston.	1857	1840	20 1/2	250,000	5,000 5,000	50 57 1/2	47 19	33 22	Exploité par la compagnie du Canal.
58	LEEDS et SELBY.	Leeds.	Selby.	1850	1854	20	540,000	2,100	100	100	97 1/2	Cette ligne a été louée à la compag. York et Nord Midland
59	LEICESTER et SWANNINGTON.	Leicester.	Swannington.	1850	1852	16	175,000	2,800	50	50	55	
40	LIVERPOOL et MANCHESTER.	Liverpool.	Manchester.	1826	1850	50 3/4	1,500,000	5,100 12,021 7,968	100 25 50	100 25 50	208 48 1/2 102	
41	LLANELLY et LLANDILLO.	Llanelly.	Llandillo.			5		2,000	100	87 1/2	Nominal	Sert presque exclusivement au transport des houilles.
42	LONDON et BIRMINGHAM.	London.	Birmingham.	1855	1857	112 1/4	5,000,000	25,000 25,000 31,250	100 25 25 32 32	90 25 2 32 2	215 25 36	
43	LONDON et BLACKWALL.	London.	Blackwall.	1856	1840	5 3/4	1,225,000	48,000		16 3/4	4	
44	LONDON et BRIGHTON.	Chemin de fer de Londres et Croydon.	Brighton..	1857		50 1/2	2,580,000	56,000	50 10	50 10	38 10 1/2	Le revenu de cette ligne consiste dans la taxe que lui paient les Compagnies de Brighton et South Eastern.
45	LONDON et CROYDON.	Chemin de fer de Greenwich.	Croydon.	1855		8 3/4	741,000	53,000 7,000	 10	14 3/4 5	15 1/4 8 1/2	
46	LONDON et GREENWICH.	London.	Greenwich.	1855		5 3/4	956,250			12 3/4	4	Il est à remarquer que 5 3/4 milles anglais ou 5 kilomè-

N°		Départ	Destination									Observations
47	LONDON et SOUTH WESTERN.	London.	Southampton.	1854	1840	92 3/4	2,580,000	36,000		38 7/8	69	tres ont coûté 25 millions de francs.
48	MANCHESTER et BIRMINGHAM.	Manchester.	Chemin de fer grand junction.	1857		40	2,800,000	30,000	70	40	54	
49	MANCHESTER et BOLTON.	Idem.	Bolton.	1851		10	778,000	6,201	125 1/2	93	85	
50	MANCHESTER et LEEDS.	Idem.	Chemin de fer de North Midland.	1856	1841	50	5,850,000	15,000 15,000 19,500	100 50 25	70 50 2	79 3/4 5/8	
51	MARYPORT et CARLISLE.	Maryport.	Carlisle.		1841	28						Quoi qu'ouvert en 1841, il reste 8 milles à faire, qui seront terminés cette année.
52	MIDLAND COUNTIES.	Chemin de fer de Londres à Birmingham.	Derby.	1856	1840	57	1,553,000	10,000 10,000 10,000	100 25 20	100 15 2	80 19 1/2	
53	MONKLAND et KIRKINTULLOCH.	Monkland.	Kirkintulloch.			5						Il ne passe point de passagers sur cette ligne.
54	NEWCASTLE et CARLISLE.	Newcastle.	Carlisle.	1829	1858	61	1,050,000	5,000 5,600	100 25	100 25	75	
55	NEWCALTLE et NORTH SHIELDS	Newcastle.	North Shields.			8		2,400	50	45	20	
56	NORTHERN et EASTERN,	Chemin de fer Eastern Counties	Bishop Stortford.	1856		32 1/4	1,200,000	14,400 5,136 12,208	50 50 12 1/2	45 15 12 1/2	50 19 1/4 14 1/2	Il reste à faire 4 milles, qu'on n'achèvera probablement pas.
57	NORTH MIDLAND.	Derby.	Chemins de fer de Sheffield et Rotterham.	1856	1840	72 3/4	3,850,000	15,000 15,000	100 40	100 40	75 33 1/2	
58	NORTH UNION.	Preston.	Chem. de fer de Liverpool et Manch.ter	1850		22 1/4	730,500	6,329	75	75	82	
59	PAISLEY et RENFREW.	Paisley.	Renfrew.	1835	1837	3	25,000					Pour le transport des houilles seulement, avec de nombreux embranchements, après avoir dépensé plus de £ 200,000, un grand nombre d'actionnaires ont abandonné leurs actions, et ceux qui se sont chargés des dettes ont formé une nouvelle société.
60	PENTOP et SOUTH SHIELDS.	South Shields.	Stanhope.	1852		20	....	....	....	....	....	
61	PRESTON et WYRE.	Preston.	Wyre.		1841	19	317,000	2,600 3,200	50 25	50 25	nominal.	
62	SHEFFIELD ASHTON. UNDER LYNE et MANCHESTER.	Ashton underlyne.	Chemin de fer North Midland.			40	ne sera terminé qu'en 1845.	7,000	100	100	d°	

NOMBRE de Chemins de Fer	NOMS	Commençant à	Aboutissant à	COMMENCÉ EN	TERMINÉ EN	LONGUEUR en milles Anglais	Coût EN LIV. STERL.	NOMBRE D'ACTIONS	MONTANT de chaque Action	SOMMES VERSÉES	VALEUR des ACTIONS	OBSERVATIONS
63	SHEFFIELD et ROTHERHAM.	SHEFFIELD.	Rotherham et chemin de fer North Midland.			6		4,000	25	25	Nominal.	
64	SLAMANNAN.	Chemin de fer de Ballochney.	Canal de Edinburgh et Glasgow.	1835		12 1/2	155,000					
65	SOUTH EASTERN.	Chemin de fer de Brighton.	Douvres.	1856		89	3,056,000	28,000	50	50 / 25	29 1/2 / 29	Ce chemin est en activité jusqu'à Folkstone
66	ST-HELENS et RUNCORN GAP.	St-Helens.	Runcorn gap.			5						
67	STOCKTON et DARLINGTON.	Stockton.	Wilton Park.	1821	1825	38	256,000	2,000 / 1,000 / 800	100 / 50 / 12 1/2	100 / 50 / 7 1/2	255	
68	STOCKTON et HARTLEPOOL.	Chemin de fer de Clarence.	Hartlepool.	1856	1840	8		1,200	50	50	20	
69	TAFF VALE.			1856	1859	50	559,000	5,000 / 660	100 / 25	100 / 12 1/2	Nominal	
70	ULSTER.	Ulster.	Portadown.	1856		24	544,652	12,000	50	27		
71	WHITBY et PICKERING.	Whitby.	Pickering.	1833		24	155,000					
72	YORK et NORTH MIDLAND.	York.	Chemins de fer de Leeds et Selby, et North Midland.	1856	1840	27	600,000	6,700 / 6,700	50 / 25	50 / 20	102 / 51	On travaille à cette ligne, qui doit joindre Newcastle à la capitale (54 milles), et il est presque certain qu'on continuera la même ligne par Berwick à Edimbourg. La compagnie a cheté le Durham Junction, et au mois de juillet de cette année, la communication entière sera ouverte.
73	NEWCASTLE et DARLINGTON.	Newcastle.	Darlington.	1842		55			25	12	20	
74	WEST LONDON.							7,500 / 5,200 / 750	20 / 20 / 20	20 / 8 / 20	7/8	
75	YARMOUTH et NORWICH.	Yarmouth.	Norwich.			18		7,500	20	13	Nominal	

Le gouvernement anglais est trop paternel envers
l'industrie, pour qu'il ne prenne à cœur de mettre
un frein à ce fatal esprit de concurrence qui s'est
emparé des voies de communication et qui agit d'une
manière aussi funeste sur les comtés les moins favorablement situés pour les transports et les voyages
vers les villes manufacturières, désavantage dont se
ressent éminemment le cours des actions émises au
détriment des soumissionnaires qui souffrent d'une
lutte désespérée contre les lignes privilégiées. Les
désastreuses conséquences d'un pareil conflit sont
assez évidentes, pour que ce gouvernement, dans sa
sollicitude éclairée pour le pays, ne l'amène tôt ou
tard au rachat des chemins de fer, malgré l'énorme
capital qui devra de nouveau surcharger la dette
publique.

Quant à Dunkerque, on doit reconnaître que cette
ville se trouve dans une position toute particulière
en regard des conséquences partielles qui doivent
surgir du système des voies de fer. Située à l'em-
bouchure de la mer du Nord, sur l'extrême frontière
de la Belgique, cette ville, plus que toute autre du
littoral, par son isolement de tout centre de consom-

mation et même de contact avec une nombreuse population, doit manifester une sollicitude d'autant plus vive en faveur de la conservation de ses intérêts maritimes. Ses relations se ressentent déjà d'une manière déplorable des communications de fer qui relient Lille à la Belgique, car les droits insuffisamment protecteurs, à l'égard des navires nationaux, ouvrent au chef-lieu du département du Nord les ports d'Ostende et d'Anvers par où cette importante cité reçoit une partie des produits du nord par *pavillons étrangers*.

Cet isolement de Dunkerque deviendrait d'autant plus préjudiciable à son port, s'il n'était lié à la ligne de fer qui doit aboutir à Calais et qui lui conserverait au moins alors une artère dans la ville principale du département du nord, dont les intérêts se heurtent momentanément avec les villes qui sont ses nourrissons légitimes. Cet état de choses, si contraire aux lois de la nature, ne saurait être que passager; car, Lille a donné en tout temps de trop grandes preuves de son patriotisme pour qu'elle puisse considérer avec indifférence la ville maritime qui a donné le jour à Jean Bart. Nous admettons, tou-

tefois , que cette importante cité ne peut être soli-
daire du danger qui résulterait de l'adoption des
chemins de fer, en faveur de telle localité aux dépens de telle autre, sous la singulière prétention de
vouloir rectifier l'œuvre géographique.

Les villes maritimes ont naturellement pour principal objet de déverser les uns aux autres leur excédant de produits territoriaux et étrangers, et de re-
cevoir les uns et les autres pour l'approvisionnement
de l'intérieur. Si elles étaient privées de cet avantage
unique, leur titre de ports de mer serait un non sens,
et cependant, elles sont amenées par les circonstances
à stipuler aussi chaleureusement en faveur des chemins de fer que les régions de l'intérieur qui peuvent
en recueillir des avantages réels. N'est-ce pas là une
anomalie inconcevable qui nait de ce déplorable
système? Si l'on pouvait, au moyen des voies de fer,
rendre possible le transport des marchandises d'une
extrémité à l'autre de la France, comme de Marseille
à nos principaux centres de consommation, les ports
de mer, en partageant l'engouement de l'intérieur,
ne proclament-ils point leur décadence ; et alors, à
quoi bon des navires?

Le grand et le petit cabotage, déjà réduits par les bâteaux à vapeur, se réduiraient bien davantage encore, si l'on rapprochait les extrémités par le moyen des rails-ways. Quelle perspective alors pour notre inscription maritime et pour notre navigation transatlantique!..... Les dernières statistiques publiées par l'administration des Douanes prouvent que dans la valeur du mouvement maritime des ports de France, arrêté au 31 décembre 1842, le pavillon étranger l'emporte sur le nôtre d'une somme de *deux cent un millions*, comme on peut en juger par l'examen du tableau ci-contre :

Étn𝔱 *de la Marine Marchande en France*

RELEVÉ AU 31 DÉCEMBRE 1842

Comparaison de la valeur de son Mouvement avec la Marine étrangère dans nos Ports

NOMBRE DE NAVIRES A VOILES ET A VAPEUR		JAUGE ou TONNAGE	JAUGE ou tonnage GÉNÉRAL	IMPORTANCE du Mouvement Maritime dans les Ports PAVILLONS		OBSERVATIONS
				Français	Étrangers	
				MILLIONS		
2	de 6 à 700	1,225				
3	5 600	1,693				
31	4 500	13,588				
179	3 400	60,617				
456	2 300	104,511	589,517	662	853	
1,196	1 200	168,889				
1,456	60 100	108,852				
1,285	30 60	55,922				
8,841	30 et au-dessous.	74,240		201	»	Balance en faveur du Pavillon Étranger.
13,409		589,517	589,517	865	863	

Il doit donc paraître évident que l'exécution des chemins de fer ne peut s'accorder avec la véritable utilité des ports de mer ; leur co-existence doit nécessairement porter atteinte à leurs prérogatives naturelles. En effet, il est certain que les ports de mer ne peuvent féconder que par les ressources de l'exportation, de l'importation et du passage que doit attirer le commerce de l'intérieur sur tout le littoral, alors qu'au contraire les chemins de fer tendent à leur ravir ces ressources et qui, dans ce cas, assimileraient les villes maritimes à des conduits par lesquels l'eau coule vers une source qui doit féconder ailleurs.

On pourra faire observer avec raison que ces considérations ne pourraient atteindre le commerce de *transit*, en fait de marchandises étrangères qui ne font que traverser le royaume. Mais quelle est donc l'importance qui s'y rattache, en comparaison des produits que la France expédie à l'Étranger et en retire pour son propre approvisionnement?

Comme habitant de Dunkerque, il nous importe particulièrement de prendre cette ville pour point de comparaison, en mettant en regard son importance réelle, comme port de mer. La perception des droits des douanes s'y est élevée, en 1842, à fr. 10,326, 849 57; le mouvement du port a été de 235,594 tonneaux sur 2085 entrées et sorties; mais ce qui mérite le plus l'attention, c'est que Dunkerque compte dans son quartier maritime 327 navires montés par 2638 hommes d'équipage et qui représentent une valeur de près de cinq millions. L'inspection du tableau suivant en permettra l'appréciation :

État de l'Inscription Maritime
DU QUARTIER DE DUNKERQUE EN 1842

ESPÈCE DE NAVIGATION	NOMBRE de Navires	TONNAGE	HOMMES d'Équipage	REPRÉSENTANT une VALEUR DE	PRODUIT DE LA PÊCHE	
					Tonnes de Morue, Huile et Rogues	VALEUR
Long-cours	24	5,058	251	1,011,600 f.		
Grand Cabotage	40	5,756	316	1,151,200		
Petit Cabotage	51	2,697	420	539,400		
Grande Pêche	79	6,045	1,141	1,510,750	39,782	2,155,182 f.
Petite Pêche	73	1,378	510	275,600		798,763
Navires inactifs à Dunkerque	26	1,283	»	160,575		
Navires inactifs à Gravelines.	54	environ 550	»	106,250		
	327	22,565	2,638	4,755,175	39,782	2,951,945 f.

On voit par ces relevés que les intérêts d'un port de mer sont trop matériels pour que sa prospérité puisse dépendre de la frivolité des chemins de fer, qui, dussent-ils se multiplier dans l'univers entier, ne sauraient contribuer à ce que les navires feraient pour cela un voyage de plus. La pêche à la morue, par exemple, qui est une pépinière pour notre marine marchande, aura-t-elle à se féliciter de ces nouvelles voies de communication?

Pour peu que l'on veuille se livrer à un examen approfondi et impartial de la question des chemins de fer, on se convaincra de leur incompatibilité avec les intérêts bien entendus des ports de mer, intérêts qui consistent à ne point se rapprocher des centres de consommation par de pareilles voies qui ne sont susceptibles que de déplacer les marchés des ports. Qui ignore d'ailleurs, que ces voies, sans avenir, ne se propagent en France, comme ailleurs, que sous l'empire de l'exigence de l'opinion qui n'a point voulu tenir compte de sévères exemples et des plus sages avis. Les hommes mêmes qui n'en sont point partisans les invoquent comme pis-aller, cédant à cette considération unique que leur localité pourrait souffrir de l'initiative d'autres villes environnantes.

La position est réellement bizarre : les hommes qui ont de l'aversion pour ces nouvelles voies, se trouvent, pour ainsi dire, contraints à faire cause commune avec ceux qui les envient; ils y sont amenés, comme on le voit, par la crainte d'une concurrence redoutable qui déplacerait ou compromettrait leurs intérêts. C'est aussi par cette considération que Dunkerque se trouve plutôt réduite à exprimer ses doléances, qu'à témoigner des vœux qui prennent leur source dans la conviction d'une nécessité absolue d'avoir un chemin de fer, pour étendre et faire fructifier son commerce maritime. Voilà cependant comment, d'échelons en échelons, l'on peut arriver au bord de l'abyme que l'on a creusé soi-même, par une imprévoyance et un entraînement que désavouent les saines doctrines.

Nous avons hâte de nous reporter sur le terrain de la question, vue dans son ensemble, envisagée dans un sens général; nous n'en sommes sorti, pour descendre aux considérations de simples localités, que dans le but d'en examiner toutes les phases et d'en faire ressortir les inconvénients partiels.

11

Il est donc notoire que chaque localité agit par imitation, et non par une conviction intime, puisée dans une étude approfondie de la question. S'il en était autrement, elles eussent toutes reconnu l'incompatibilité du principe, dès l'instant qu'il se présentait sous des formes restrictives ; qu'il ne pût être adapté à de certains endroits, par priviléges sur d'autres, contrairement aux régles du droit et aux vraies maximes de la justice distributive, qui auraient du servir de règle première de conduite, dans une question d'une pareille importance, soit qu'on la considère sous le rapport de l'utilité publique, soit comme satisfaction accordée à l'opinion.

Quelques organes, qui journellement stipulent en faveur des nouvelles voies, sont eux-mêmes conduits, sans s'en douter, à en caractériser l'esprit systématique. Les chemins de fer, disent-ils, dégénèreront en monopole, si le gouvernement s'empare des lignes, à l'exclusion des compagnies particulières. Étrange controverse ! il y aurait donc monopole dans un sens et équité dans l'autre ? En vérité, on ne saurait professer des théories plus étranges. Si monopole il y a, comment pourrait-il ne point exister dans l'un comme dans l'autre cas? ne serait-il pas d'ailleurs plus flagrant encore, de particulier à particulier?

Bien des esprits de bonne foi, purs et simples échos des voix intéressées, témoignent la crainte que les autres pays du continent, tels que l'Allemagne, la Prusse, la Hollande et la Belgique, ne s'emparent du commerce de la France, si elle reste en dehors du réseau de chemins de fer qui sillonnent ces contrées, et si elle résistait plus longtemps encore contre le sacrifice de son industrie chevaline.

Pour que cette présomption eût la moindre consistance, il faudrait admettre que les chemins de fer, en outre du prestige qui se rapporte à leur vitesse, pussent encore produire le prodige de faire accroître la consommation de toutes choses sur leurs lignes de parcours.

Il importe donc d'examiner en quoi pourrait consister la prépondérance que ces pays pourraient exercer sur le commerce européen, et notamment sur la France.

Admettons même que ces contrées aient toutes des chemins de fer, à l'exclusion de la France, pour-

raient-elles alors amoindrir son revenu public, qui
résulte d'une richesse inépuisable? la déshérite-
raient-elles de ses deux milliards et demi de numéraire en circulation qui forment la puissance de
son commerce intérieur? auraient-elles enfin l'influence magique de rendre stérile son sol si fécond
et de ravir les fortunes privées? non sans doute, car
tout ce qui tient à l'artifice, à l'égard des richesses
de la nature, reste aussi impuissant que l'enfant
au berceau.

La fortune de la France est trop bien appréciée
des autres peuples, pour qu'en tout état de choses,
elle ne conserve point sa grande part dans le mouvement commercial du monde. Certes, l'absence
de chemins de fer sur le territoire, ne saurait être
un empêchement sérieux à faire fructifier ses capitaux et son crédit. Semblables à une source féconde,
les capitaux attirent toujours vers eux, en temps de
paix, les productions du monde entier. La meilleure
preuve de la justesse de cet argument, est fournie
par les états qui convoitent la France pour se lier
plus étroitement avec elle, par des traités de commerce, comme pourrait le faire un négociant qui

préfère consigner ses marchandises à une maison qui possède des capitaux. Or, si la France ne présentait point aux nations des garanties d'une pareille nature, elles la laisseraient dans une entière quiétude, eût-elle même des chemins de fer; elle n'en aurait point, que des richesses aussi palpables ne restreindraient point davantage la convoitise. Quelle influence, le plus ou le moins de vitesse, saurait-elle, en effet, exercer sur un tel ordre de choses?

Mais il reste à examiner la portée d'un argument sur lequel la plupart des Chambres de Commerce se sont appuyées pour ajouter à l'importance des chemins de fer. Il s'agit du *transit*, mot sonore et aventureux que l'honorable rapporteur de la commission du mois de mai 1838, M. Arago, avoua lui-même, avoir été quelque peu enclin à regarder comme le vrai symbole de l'avenir industriel, s'il n'avait poussé ses investigations plus à fond, pour s'assurer de l'importance réelle qui pût s'y rattacher, eu égard à la balance du commerce.

Il nous importe aussi de procéder avec la même connaissance de cause, pour apprécier tous les avantages existants des marchandises étrangères qui transitent vers la France, d'abord, sous le rapport du revenu public, ensuite, au point de vue de l'intérêt commercial, et du salaire que l'industrie nationale recueille du parcours de ces marchandises sur le territoire français.

On remarque, par le tableau de la perception générale des droits de douanes, que les recettes pour les droits acquittés, les sels exceptés, se sont élevés, en l'année 1841, à . .   fr. 193,217,442, 35 c.

Sur laquelle somme les droits des marchandises ainsi transitées y figurent pour celle de. . . . .   52,665, 86 c.

Tant pour celles payant au poids qu'à la valeur, importance équivalente à un peu moins que le 1/3 p. %.

N'est-ce donc pas ici le cas de dire : *la montagne accouche d'une souris!*

Mais, faisons la part plus large : cumulons, avec les droits du trésor, les autres avantages que le commerce, l'industrie et le salaire national, peuvent retirer du bénéfice du transit.

Droits perçus pour le transit, en 1841, comme dessus, fr. 52,665. 86

La commission de passage sur les marchandises au poids 7,252,124 kilog., font 7,252 $^{124}/_{100}$ à fr. 3 le tonneau. . . . .   21,696 »

Sur les marchandises payant à la valeur, fr. 19,706,996 à ¼ p. % . . . .   49,267 »

Admettons, comme la commission, le poids des marchandises payées à la valeur comme celle du poids, tel qu'en 1836, pour 34,025,565 kilog. à $^{80}/_{100}$ le tonneau de 1,000 kilog. par lieue pour le transport, à travers le territoire français, calculé sur un parcours moyen de 103 lieues . . . .   2,803,000 »   2,873,963   »

Bénéfice total, pour la France, aux conditions actuelles de transit par les voies du roulage ordinaire. 2,926,628. 86

Mais, d'après les réglements qui doivent régir, ou qui régissent déjà les chemins de fer, pour le cas où les expéditions ne pourraient plus se faire que par ces voies, le prix du transport devant être tarifé à 30 cent. par tonneau, il convient donc de déduire 50 cent. sur le prix du transport par roulage, ci-dessus mis en ligne, conforme aux chiffres de la commission . . . .   1,752,000 »

Chiffre réduit, dans l'hypothèse comme ci-dessus. . .   1,174,628. 86

Il ressort évidemment, de cet exposé numérique, que les chemins de fer, loin de devenir une cause susceptible de faire accroître le travail national, menacent au contraire de le faire décroître *dans le sens même du transit*, argument qui n'en tient pas moins, toutefois, un rang principal dans les considérations premières que l'on a fait militer en faveur de ces nouvelles voies de communication.

La commission de 1838 n'a-t-elle pas d'ailleurs elle-même infirmé sans réplique l'importance qu'attachait l'exposé des motifs du gouvernement aux marchandises étrangères *transitant* à travers le territoire français? et, tout en rehaussant cette importance, par l'admission de combinaisons hypothétiques, il n'est pas moins demeuré constant pour elle, qu'aux conditions réduites de 30 centimes par lieue, par les rails-ways, au lieu de 80 par le roulage, que *près de fr. 2,000,000 de capitaux étrangers se trouveraient enlevés annuellement aux commissionnaires, aux rouliers, aux aubergistes, aux marchands de chevaux, aux charrons, etc.* (1).

(1) *Extrait du rapport de M. Arago :*

« Il y aurait, messieurs, un travail très-intéressant à faire que nous recommanderons, en passant, au zèle et à la sagacité de nos jeunes historiens moralistes. Ce serait le tableau des mille et mille circonstances capitales dans lesquelles les hommes les plus éclairés, les assemblées délibérantes, la masse du public, se sont laissés gouverner par des mots sans portée, nous disons même par des mots entièrement vides de sens. Plusieurs de nos honorables collègues et moi nous avons été au moment de subir une influence de cette nature. Les mots si souvent répétés par M. le ministre du commerce, de *transit*, de *lignes politiques*, de *lignes stratégiques*, n'avaient pas inutilement frappé nos yeux et nos oreilles. Faut-il l'avouer, nous étions déjà quelque peu enclins à les regarder comme les vrais symboles de l'avenir industriel, commercial et militaire de la France. Toutefois, ramenés bientôt à un examen sévère des choses, à leur appréciation exacte, il nous a bien été facile de reconnaître que nous avions trop légèrement cédé à un premier aperçu.

La commission n'est entrée dans cette discussion de chiffres, par rapport au transit, que dans le but de débarrasser le terrain de la question d'un élé-

« Lisons l'exposé des motifs du projet de loi, et nous trouverons, page 7 : « C'est surtout en vue du transit qu'ils sont destinés à créer au travers de la France, que les chemins de fer doivent attirer toute notre sollicitude. » A la page suivante, ce transit, que les chemins de fer ne peuvent manquer de créer, est caractérisé nettement. Il se composera : « De la plus grande partie des marchandises qui passeront du midi dans le nord de l'Europe et réciproquement. » A la page 9, le transit se représente avec de nouveaux développements. Il s'empare alors de tout ce qui doit se transporter « de l'Océan et de la Méditerranée, sur les provinces d'Allemagne, sur la Suisse et l'Italie. »

» Il y a bien longtemps, messieurs, que le transit est en possession d'exercer parmi nous une puissance dont la légitimité n'a jamais été démontrée. Vous rappelez-vous, par exemple, sous combien de formes il nous apparut quand on discuta la question des deux entrepôts de Paris? Depuis, on n'a plus entendu parler, par l'excellente raison que la quantité des marchandises qui transite au travers de ces deux grands établissements est vraiment imperceptible. Evitons, s'il se peut, de pareils mécomptes. Le vrai moyen pour cela est d'aller nous saisir des chiffres relatifs au transit dans les registres, dans les statistiques de la douane.

» En 1836, le poids total des marchandises expédiées en transit, à travers la France, a été de. . . 54,025,565 kilogrammes.

» Le parcours moyen de ces marchandises s'est élevé à 103 lieues.

» Par le roulage ordinaire, le prix du transport par lieue et par tonne de 1,000 kilogrammes, est de. . . . . . 80 c.

» Le montant total des frais de transit, dans toute l'étendue de notre territoire, a donc été de : en nombre rond. . . . . . 2,803,000 fr.

» Si tous les chemins de fer étaient exécutés, si tout le transit s'effectuait par *rails* et *locomotives*, les 5,803 f. dont nous venons de parler, se réduiraient, d'après le tarif de. . . . . . . 0 f. 30 c. par tonne et par lieue, à . . . . 1,051,000 f.

» Ce serait par an UNE DIMINUTION de. 1,752,000

» Le pays *perdrait* donc environ les deux tiers de la dépense totale qu'occasionnait l'ancien mode de transport par rouliers. Ce serait près de 2,805,000 fr. que le commerce de nos voisins laisserait de *moins* sur les

ment entièrement illusoire, et qui, par conséquent,
n'était nullement de nature à venir à l'appui d'une
solution favorable au système des chemins de fer.

routes de France que parcouraient ces marchandises manufacturées ou à
l'état de matières premières. Ce sait 2,000,000 de capitaux étrangers
qui se trouveraient ENLEVÉS annuellement aux commissionnaires, aux rouliers, aux aubergistes, aux marchands de chevaux, aux charrons, etc.

» Sans doute, plus de célérité, de régularité, d'économie dans le service
des routes, augmenterait la masse des transports. Eh bien ! qu'on triple
cette masse, et alors nous serons seulement revenus à l'état présent des
choses ; quant aux bénéfices que la France retire aux passages qu'elle
donne, sur son territoire, aux marchandises étrangères, qu'on *décuple*,
si l'on veut, le transit actuel, et nous ne trouverons, encore au profi-
de notre pays, qu'une augmentation de 7,000,000 fr.

» Ces chiffres dissiperont bien des illusions. Qu'on le remarque cependant, nous n'avons entendu y traiter, à la suite de l'exposé des motifs,
que la question du transit des marchandises pour le compte des étrangers. Celle du transit des voyageurs, celle du transit des marchandises
expédiées pour notre commerce, ont une toute autre importance. Nous
sentons très-bien ce que l'humanité ce que la civilisation peuvent attendre de moyens de transport commodes, économiques, rapides, qui rapprocheront, qui uniront les peuples, ou devant lesquels, du moins,
s'affaibliront les haines nationales, les préjugés qui, durant tant de
siècles, ont été si cruellement exploités. Nous savons très-bien aussi que,
là où vont les hommes vont les affaires, et que, dès-lors, le commerce
a tout intérêt à voir affluer sur notre territoire un très-grand nombre de
voyageurs : nous n'ignorons pas davantage combien les mille canaux de
la Hollande contribuèrent jadis, à faire des négociants de ce pays, les
facteurs du commerce du monde, et notre plus vif desir serait que les
armateurs du Havre, de Nantes, de Bordeaux, etc.. trouvassent de semblables moyens de fortune dans les nouvelles communications projetées
Enfin, messieurs c'est parce que ces diverses considérations se sont offer-
tes à nos esprits de bonne heure ; c'est parce que nous les avons serieu-
sement méditées que nous sommes partisans des chemins de fer. La discussion numérique dans laquelle nous avons cru devoir entrer, relativement au transit, avait pour unique but de débarrasser le terrain d'un
élément étranger, ou qui du moins, doit être d'un rôle secondaire. »

La même commission a exprimé, par l'organe de son honorable rapporteur, ses regrets que la question stratégique ne fût point de nature, comme celle du transit des marchandises, à être réduite à des chiffres, qui, dans leur inflexible rideur, devraient lui faire perdre une grande partie de l'importance qu'on s'était plu à lui donner.

A défaut d'avoir pu apprécier ce point de la question à l'aide de chiffres, il nous semble que quelques dissertations sur le droit fondamental, y eussent bien suppléé. D'après l'importance que cette commission a attachée aux déductions numériques, pour atteindre une solution plus rigoureuse, ne devait-on pas s'attendre à ce qu'elle eût conclu à l'inadoption du projet du gouvernement soumis à son examen? ou du moins, qu'en l'adoptant sous un autre point de vue, elle eût alors appuyé sa décision d'arguments d'une portée supérieure aux vues du gouvernement à l'égard du transit, surtout, quand dès le début de son rapport, elle a proclamé des appréhensions qui n'ont contribué qu'à fortifier les nôtres : *l'enthousiasme et les jeux de l'imagination ont sans doute leur bon côté; mais prenons garde*

*qu'ils ne nous entraînent à des mesures fiscales dont
auraient à souffrir les classes les plus nombreuses de
la société, déjà frappées par l'impôt dans leur stricte
nécessaire.*

Bien que la commission ait répandu de nouvelles
lumières sur cette grave question, elle n'a invoqué
rien de plus consistant, de plus sérieux, en faveur
des nouvelles voies, qui vont jeter une perturbation
dans l'industrie, que ce que répètent journellement
d'enthousiastes partisans, tout en appréciant cependant, d'une manière plus particulière, l'avenir ; en
représentant *ce que l'humanité, ce que la civilisation peuvent attendre de moyens de transport commodes, économiques, rapides, qui rapprocheront, qui
uniront les peuples, ou devant lesquels, du moins,
s'affaibliront les haines nationales, les préjugés, qui,
durant tant de siècles, ont été si cruellement exploités.*

Telles ont été les conclusions de la commission.
Ce tableau est sans doute bien séduisant dans un
rapport, puisse-t-il devenir un jour une réalité!
dans nos appréhensions que le contraire n'arrive,
nous nous sommes déjà expliqués sur ce que la civilisation peut espérer d'un système qui a pour con-

séquence immédiate le ravissement de la petite industrie au profit des hautes capacités et l'antagonisme entre les peuples!

Quant à la vitesse, qui domine la question *comme
un symbole de l'avenir industriel*, il faut encore le
redire : quelle influence pourra-t-elle exercer sur
l'aisance publique, quand, pour la jouissance frivole de voyager au vol d'oiseau, l'on aura sacrifié
toute l'industrie chevaline et les nombreux états qui
subsistent de son essor, ou sur la quantité de marchandises étrangères susceptibles de transiter par
la France?

Pour ce qui regarde les expéditions transitaires,
serait-ce par rapport au chômage de quelques-uns
de nos canaux à certaines époques de l'année, ou
parce que le pavement de quelques routes laisse à
désirer? il en serait ainsi, que ces obstacles ne seraient point sérieux; car, pour qu'ils aient une
portée quelconque, il faudrait supposer les mêmes
inconvénients dans les pays limitrophes qui ont
devancé la France dans l'adoption des voies de fer.
Or, d'après quels calculs pourrait-on supposer une
affluence prodigieuse de marchandises étrangères

sur le Réseau français, quand nous n'aurons fait
que suivre tardivement les méthodes exploitées par
nos voisins, et dont nous n'aurons plus que l'arrière
goût? Il est vrai, toutefois, que la commission avait
prévu l'impossibilité de faire concorder les chiffres
par un problème résolu sous l'empire du prestige des
locomotives par l'attrait d'une vitesse de quarante
kilomètres à l'heure (c'était seize alors), vitesse que
l'on dédaignerait, poursuivit-elle dans son rapport
là ou règne l'adage quelque peu mercantile : *le
temps, c'est de l'argent dont profiteront avec bonheur
et reconnaissance les habitants moins calculateurs où
l'on a inventé l'expression tuer le temps!*

Nous nous rangerions de tout cœur à cette maxime proverviale, citée par une autorité aussi dis-
tinguée, si tous ceux qui aspirent à voltiger ainsi
par économie du temps, pouvaient le faire de leurs
propres ailes comme de leurs propres ressources,
aux mêmes termes que les autres voies de communication; qu'ils passent enfin se donner cette satisfaction périlleuse sans qu'il s'en suive que l'on dût
sacrifier le certain pour l'incertain, par l'anéantis-
sement d'un nombre infini de petits établissements

menacés dans leur existence par la puissance du mécanisme se substituant au travail manuel!

Il faut que le prestige de voyager au vol d'oiseau par économie du temps, ait capté l'imagination à un bien haut degré, pour qu'il n'ait pu être contrebalancé par des chiffres dans l'esprit des hommes sérieux dont était composée la commission de 1838, et notamment son illustre rapporteur.

Si les esprits continuent à demeurer sous l'empire d'une telle prévention en faveur des chemins de fer, si les chambres législatives ne se décident à prendre une attitude plus sévère dans l'examen d'une question qui touche à tant d'intérêts, ne doit-on pas craindre que plus l'on avancera dans cette carrière, plus s'accroîtront les difficultés pour sortir des embarras que l'on se sera bénévolement créés, quand, les premières illusions étant une fois évanouies, on s'appercevra du démembrement complet du commerce intermédiaire, de la ruine des petits établissements qui se sont érigés à l'aide de leurs propres ressources, par les moyens qui sont communs à tout le monde, alors qu'on leur aura créé des adversaires qui ne peuvent entrer en lice dans la concurrence industrielle, qu'à la faveur de lois exceptionnelles, équivalentes à un privilége de monopole, contrairement à nos mœurs et aux vrais préceptes de nos institutions.

Encore une fois, le prestige qui se rattache à la science n'a pas en lui-même un caractère assez sérieux, assez matériel, pour le laisser prendre pied d'une manière aussi inconsidérée dans la carrière industrielle, en froissant de nombreux intérêts, qu'une sage législation devait au contraire protéger avec le même empressement qu'elle met à encourager les arts.

L'ambition qui excite la génération actuelle à toutes ces innovations, est une calamité dont le commerce ressentirait déjà plus vivement aujourd'hui les funestes conséquences, si le gouvernement, dans sa haute prudence, n'était parvenu à maîtriser, dans cette question, l'ardeur des intérêts privés.

Plaise à Dieu que les nombreux intérêts qui se heurtent et qui menacent de se heurter davantage entre les exploitateurs des voies de communication ancienne et moderne, avec les petites branches d'industries qui en dérivent, se faire telles concessions que réclament la sagesse et l'équité chez un peuple généreux, pour prévenir les maux qui peuvent naitre d'un conflit menaçant pour la prospérité du pays, et dont vainement l'on s'efforcerait plus tard d'en atténuer l'importance.

Mus par un sentiment d'amour patriotique dans l'examen consciencieux de cette importante question; à l'écart de tout intérêt personnel pour ou contre, l'intimité de nos convictions nous a fait un devoir de livrer les considérations contenues dans cet opuscule aux méditations des hommes impartiaux susceptibles d'apprécier les considérations morales sur lesquelles nous nous appuyons, pour faire apprécier les dangers que réserve à l'avenir l'application du mécanisme aux voies de transport, au moment même où la puissance qui en a donné l'élan à l'Europe plie sous le poids de son œuvre!

Dans notre dévouement pour la cause comme pour le salut du pays, faisant abnégation de tout amour-propre sur l'ordre de nos idées, nous nous livrons avec confiance à la censure de ceux qui pourraient ne point partager notre opinion, ou qui n'apprécieraient point les sentiments désintéressés qui nous ont guidé dans cette rédaction. Nous sommes d'ailleurs si éloignés d'être absolus dans notre jugement, que nous nous estimerions personnellement heureux, si l'avenir venait à dissiper nos appréhensions actuelles sur les conséquences funestes que les chemins de fer peuvent exercer sur la condition morale et physique des peuples, en France, s'ils sont destinés à s'y propager par imitation des autres nations, **sans** que leur indispensabilité n'ait subi un examen plus sévère.

Quel ne serait point notre empressement, alors, de rendre hommage à l'invention merveilleuse de Papin, dans son application aux voies de communication, et de porter le chiffre de la balance des chemins de fer en perspective en France, après avoir rempli les blancs, dans la colonne susceptible de faire ressortir tous les avantages prédits par ses partisans !

FIN.